特高压工程建设典型案例

（2022 年版）

线路工程分册

国家电网有限公司特高压建设分公司　组编

中国电力出版社
CHINA ELECTRIC POWER PRESS

内 容 提 要

为进一步落实国家电网有限公司“一体四翼”战略布局，促进“六精四化”三年行动计划落地实施，提升特高压工程建设管理水平，国家电网有限公司特高压建设分公司系统梳理、全面总结特高压工程建设管理经验，提炼形成《特高压工程建设标准化管理》等系列成果，涵盖建设管理、技术标准、施工工艺、典型工法、经验案例等内容。

本书为《特高压工程建设典型案例（2022年版） 线路工程分册》，共计五章，第一章为基础工程类典型案例，第二章为组塔工程类典型案例，第三章为架线工程类典型案例，第四章为接地工程类典型案例，第五章为工程设计类典型案例。

本套书可供从事特高压工程建设的技术人员和管理人员学习使用。

图书在版编目（CIP）数据

特高压工程建设典型案例：2022年版．线路工程分册／国家电网有限公司特高压建设分公司组编．—北京：中国电力出版社，2023.7

ISBN 978-7-5198-7879-5

Ⅰ.①特… Ⅱ.①国… Ⅲ.①特高压电网—线路工程—案例 Ⅳ.①TM727

中国国家版本馆CIP数据核字（2023）第089123号

出版发行：中国电力出版社
地　　址：北京市东城区北京站西街19号（邮政编码100005）
网　　址：http://www.cepp.sgcc.com.cn
责任编辑：王　南（010—63412876）
责任校对：黄　蓓　王海南
装帧设计：郝晓燕
责任印制：石　雷

印　　刷：北京瑞禾彩色印刷有限公司
版　　次：2023年7月第一版
印　　次：2023年7月北京第一次印刷
开　　本：880毫米×1230毫米　16开本
印　　张：4.25
字　　数：89千字
定　　价：40.00元

《特高压工程建设典型案例（2022年版）线路工程分册》

编委会

本书编写组

组　　　长　孙敬国

副　组　长　肖　峰　王新元

主要编写人员　何宣虎　陆泓昶　彭威铭　万华翔　俞　磊　苗峰显　刘建楠　邹生强　李　彪　寻　凯　徐　扬　张茂盛　熊春友　邱国斌　彭　旺　潘宏承　宗海迥　江海涛　赵　杰　刘承志　高天雷　王传生

序

从2006年8月我国首个特高压工程——1000kV晋东南—南阳—荆门特高压交流试验示范工程开工建设，至2022年底，国家电网有限公司已累计建成特高压交直流工程33项，特高压骨干网架已初步建成，为促进我国能源资源大范围优化配置、推动新能源大规模高效开发利用发挥了重要作用。特高压工程实现从“中国创造”到“中国引领”，成为中国高端制造的“国家名片”。

高质量发展是全面建设社会主义现代化国家的首要任务。我国大力推进以稳定安全可靠的特高压输变电线路为载体的新能源供给消纳体系规划建设，赋予了特高压工程新的使命。作为新型电力系统建设、实现“碳达峰、碳中和”目标的排头兵，特高压发展迎来新的重大机遇。

面对新一轮特高压工程大规模建设，总结传承好特高压工程建设管理经验、推广应用项目标准化成果，对于提升工程建设管理水平、推动特高压工程高质量建设具有重要意义。

国家电网有限公司特高压建设分公司应三峡输变电工程而生，伴随特高压工程成长壮大，成立26年以来，建成全部三峡输变电工程，全程参与了国家电网所有特高压交直流工程建设，直接建设管理了以首条特高压交流试验示范工程、首条特高压直流示范工程、首条特高压同塔双回交流示范工程、首条世界电压等级最高的特高压直流输电工程为代表的多项特高压交直流工程，积累了丰富的工程建设管理经验，形成了丰硕的项目标准化管理成果。经系统梳理、全面总结，提炼形成《特高压工程建设标准化管理》等系列成果，涵盖建设管理、技术标准、工艺工法、经验案例等内容，为后续特高压工程建设提供管理借鉴和实践案例。

他山之石，可以攻玉。相信《特高压工程建设标准化管理》等系列成果的出版，对于加强特高压工程建设管理经验交流、促进“六精四化”落地实施，提升国家电网输变电工程建设整体管理水平将起到积极的促进作用。国家电网有限公司特高压建设分公司将在不断总结自身实践的基础上，博采众长、兼收并蓄业内先进成果，迭代更新、持续改进，以专业公司的能力与作为，在引领工程建设管理、推动特高压工程高质量建设方面发挥更大的作用。

2023年6月

前言

2017年，国家电网有限公司特高压建设分公司结合特高压线路工程建设管理及统筹支撑工作成果，编制出版了《特高压线路工程建设管理典型案例（2017年版）》。从安全隐患、质量隐患、设计失误及施工事故等方面总结形成了特高压线路工程建设典型案例，对后续工程进一步完善安全质量管理制度及措施，规范现场施工作业行为，提升建设管理能力和统筹支撑水平，推进“十三五”期间特高压工程高质量建设上发挥了重要作用。

为落实国家电网有限公司“六精四化”三年行动计划，全面总结特高压工程建设典型案例，建立特高压工程各管理要素事件（事故）分析及应用体系，国家电网有限公司特高压建设分公司结合近几年国家电网有限公司印发的安全质量事件（事故）通报及工程现场事件（事故）调查成果，收集整理了高低腿基础二次浇筑且未配筋导致断裂、基础浇筑管控不到位引起基础钢筋外露、杆塔地线横担受损等特高压线路工程典型案例22项。

针对每项特高压线路工程典型案例，国家电网有限公司特高压建设分公司重点从案例描述、案例分析及指导意见等方面进行分析、总结，编制形成了《特高压工程建设典型案例（2022年版）线路工程分册》。本书作为特高压工程“五库一平台”重要组成部分，进一步丰富了特高压线路工程标准化管理成果，指导新开工特高压线路工程的建设管理、施工作业、培训交底、风险辨识等工作。

国家电网有限公司特高压建设分公司将结合“五库一平台”建设以及特高压线路工程建设实际，持续动态更新、完善特高压线路工程典型案例，更好地服务特高压工程高质量建设。本书编制过程中得到了国网湖北送变电工程有限公司、安徽送变电工程有限公司大力支持，在此表示感谢！

编者

2023年6月

目录

第一章　基础工程类典型案例

本章主要针对特高压线路工程基础分部工程在基础浇筑、开裂、沉降、滑移、边坡保护不到位、截排水沟失效等土建质量方面问题进行梳理、分析，总结形成基础工程类典型案例共10项。

案例1　基础浇筑管控不到位引起基础钢筋外露案例

【案例描述】

某特高压交流输电线路工程于2014年12月投产运行。2020年9月，运维人员发现该工程Ⅱ线255号杆塔A腿基础露筋缺陷（见图1-1）。由于施工过程未按规定支模，使用沙包、彩条布等杂物替代模具导致基础混凝土与沙包石块等杂物结合在一起，在浇制过程中，混凝土浆石分离，同时捣固振动跑浆，导致露筋。

图1-1　某工程Ⅱ线255号杆塔A腿基础露筋缺陷实物图

【案例分析】

1. 原因分析

(1) 从施工环境角度分析，255号塔基位于山脊，地形复杂，坡度陡峭，施工人员在基础掏挖过程中，在下山坡上堆砌了大量开挖出的土方、砂袋，垒成一个小平台，堆土平台松散，受雨水浸泡，自身重力及人员、设备在坑口活动，导致堆土、砂袋向坑内挤压，进而引起原施工成形的坑洞变形，尺寸缩小，钢筋保护层厚度无法满足。

(2) 从施工方法角度分析，255号支模浇制过程中，施工人员未支模到基底，采用以土代模方式，根据施工方案模板应该固定在原状土上。

（3）从施工人员角度分析，混凝土浇制过程中，操作人员局部振捣不密实，尤其模板底端部位，施工过程中发生土模漏浆、跑浆现象，未预见可能导致的严重后果，未及时采取措施处理，造成混凝土石子与砂浆分离，混凝土无黏结钢筋的能力；现场工作负责人、技术人员对边坡堆土过高在施工过程中可能发生边坡塌陷、挤压钢筋，导致保护层不足，施工过程中存在侥幸心理；现场技术人员不熟悉方案中质量通病防治的“基础保护层厚度不符合设计要求”项目防治措施，该质量通病防治措施落实不到位。

（4）从施工设备角度分析，在掏挖基础基坑支模过程中，由于地形陡峭，上、下山坡原状土标高相差过大，对塔基面未进行平整，也未采用定制异形底面普通钢模或玻璃钢模板，而采用堆土、砂袋垒高，属于使用了不符合施工方案要求的模板材料，在堆土过程中，堆土及砂袋过高，堆土且无其他加固措施，导致施工过程中堆土及砂袋坍塌，基坑坑洞变形。

（5）现场质量管理体系PDCA（“计划—实施—检查—处理”）管理中，“检查”出现问题，在人员对钢筋、支模验收过程中存在疏漏，在浇筑混凝土前开展的班组级、项目部级验收中未发现现场以土代模情况或对该情况放任不管，验收不仔细、失职。

（6）质量的过程管控落实不到位，对基础施工分包队伍的质量责任心，质量意识强弱，质量技术水平，没有牢牢把控住，过程中没有及时纠正分包以土代模的行为，过程隐蔽管理存在疏漏，在施工过程中在发生堆土及砂袋坍塌后，现场施工人员未及时上报，现场工作负责人，监理未及时发现和处理，在质量管理体系的全员，全过程质量管理执行存在疏漏。

2. 责任分析

（1）施工技术人员对高山大岭基础施工的专业技术能力不足，在基础施工工艺中对影响立柱质量的风险因素、质量通病预控措施等没有清晰具体的表述，在技术交底中也是泛泛而谈，施工工艺和技术交底缺乏针对性，未预见陡峭边坡的掏挖基础坑口上、下坡原状土高差过大，未禁止堆土、垒砂袋进行找平小基面的行为。

（2）施工过程中，作业负责人对施工质量的关键环节关键因素检查控制不力，存在侥幸心理，对土石方开挖堆土要求执行不到位，对堆土、垒砂袋可能导致的土方、砂袋坍塌、基坑坑洞变形的风险辨识不到位，且未采取相应的防范措施。

（3）现场旁站监理人员过程管控不到位，隐蔽过程存在疏漏，在支模和浇制中不能及时发现问题提出整改意见。

（4）施工单位现场班组质量管理存在疏漏，施工过程未做到全员参与质量管理。现场浇筑过程中，发生堆土及垒砂袋坑壁坍塌、漏浆、坑洞变形的情况，未及时向现场工作负责人报告；现场施工人员的质量责任意识较差，作业负责人在全过程质量管控中存在疏漏，未发现堆土、垒砂袋坑壁坍塌及坑洞变形的情况。

【指导意见】

1. 技术方面

（1）施工方法方面。掏挖式基础斜坡处必须以坑口原状土下边缘为基准开挖小基面，作为支模的起点，小基面必须严格落实操平工作，支模与基面接触严密、牢固，小基面以上必须全部完整支模。对于无护壁掏挖基础，模板必须严格按照工艺要求，从原状土以下 20～30cm 开始设立，对于有护壁的基础，锁扣顶部需要进行操平，以便上部模板与锁扣顶部严密接缝，防止出现漏浆、跑浆现象。针对掏挖式基础应编制专项施工方案，确保开挖孔径满足设计要求，并明确不良地质情况下必须浇制基坑护壁。浇制第一节护壁时，应做到护壁顶端高出地面 150～300mm，且必须锁口；基础露头部位必须完整支模。

（2）施工设备方面。严禁以土代模，施工现场外露立柱采用木模，钢板或复合玻璃钢材料，模板的强度满足抵抗混凝土侧压及振动棒振动等荷载。各类模板的尺寸及形状满足设计图纸及质量验收要求，严禁模板过小或模板变形严重，必须保证钢筋的保护层厚度，各类模板的支撑牢固，接头密封牢固。

（3）设计优化方面。基础配置以零降基为原则，优化设计源头把关。基础顶面在自然地面以上时，尽量不进行平降基；基础立柱顶面低于自然地面时，可进行局部降基处理，且必须以下坑口原状土边缘为基准开挖小基面；如遇施工基面降低的塔位在分坑前，应检查基础边坡是否满足设计要求。

（4）通病防控方面。基础钢筋制作安装时须合理设置垫块，确保钢筋保护层厚度；支模时模板应表面平整、清洁且接缝严密，浇筑混凝土前模板表面应涂抹脱模剂；混凝土浇筑时，严格按照要求进行分层振捣；混凝土浇筑结束时，及时对基础顶面进行抹面收光，杜绝拆模后的二次修饰；基础回填时，分层夯实，回填后坑口上方应浇筑防沉层。

（5）施工材料方面。严格控制掏挖基础的混凝土的配合比，混凝土浇筑过程中的防跑浆、漏浆，保证浇筑质量。

（6）文明施工方面。严格落实土石方开挖、土方堆放的管理要求，严禁在坑口堆放土方，严禁在坑口周围堆放过多、过重的机械设备和材料，导致基坑土方坍塌、坑洞变形。

（7）施工方案方面。进一步细化基础保护层厚度不符合设计要求的预防措施，将质量通病防治措施细化落实到施工方案中，狠抓施工方案执行和质量验收工作。施工方案对掏挖基础的施工质量必须控制要点，增加对立柱外露模板的设置强度、防跑浆、混凝土浇筑的质量等相关质量控制要点。

2. 管理方面

（1）明确掏挖式基础施工技术和工艺要求，加强掏挖基础钢筋绑扎支模人员与混凝土浇筑过程中振捣人员的培训和指导工作，抓好全员质量教育培训，采用“样板先行”的管理模式。

（2）加强监理旁站监督管理，根据质量控制要点，设置质量把关卡，设置过程质量设置检验项目，落实质量控制责任点，质量要求落实到人，严格落实平行检验、交叉检验与隐蔽工程过程旁站监督。各参建单位加强工序之间检查及自验收工作，未经检查验收不准进入下道工序施工。

（3）加强隐蔽工程影像记录管理。对隐蔽工作的支模、钢筋保护层等设置隐蔽工程观测点，留取记录。开展隐蔽工程质量在线巡查、抽查。

（4）加强质量的PDCA管理，特别是基础过程中的各项质量验收，加强对钢筋保护层厚度的抽检工作，验收过程中对隐蔽资料、影像资料进行抽查。

（5）在施工方案、质量通病与预防措施中，施工、监理的质量管理人员要加强审查力度，严防质量防控措施漏项和不完整，在山地地形的掏挖基础立模，陡峭山坡的土方堆砌，松软土层的土层掏挖存在的基坑坍塌、模板倾倒、坑洞变形等风险应进行辨识，并有专项防范措施，严防使用落后被淘汰的施工工艺。在施工过程中及时检查质量通病防治措施是否执行，质量要求和控制要点是否落实到位。

（6）施工单位要加强对分包单位的质量考核和通报，对屡次出现质量问题的分包单位要按黑名单处理；项目部要落实专责质检人员，对每基浇制前的钢筋保护层、支模进行检查确认，每基拆模都要留存质量证明材料及施工过程数码照片；项目部加强自验收工作，要按100%逐基确认拆模质量。

（7）监理单位要做好隐蔽工程签证及监理旁站的质量控制工作，督促施工单位做好施工专项技术交底；落实专人做好浇制前的检查，现场满足要求后才能放行开展基坑浇制工作；采用数码照片或视频监控等技术手段做好质量过程控制。

（8）建设管理单位要加强工程质量管理和验收工作，在合同中明确质量责任条款，对出现质量问题的施工、监理严格考核，考核结果除了经济处罚责任单位外，还要在后续招投标中进行应用。

（9）落实好定期质量活动、专项质量活动，对进场施工、监理人员应强化技术交底和规范培训，努力提高施工人员及监理人员质量责任心和质量意识，加强全员、全过程的质量管理体系建设。

案例2 基础保护帽浇筑管控不到位引起开裂破损案例

【案例描述】

某特高压直流输电线路工程于2016年8月投运。2019年5月，运行单位在巡视时发现该工程存在多基杆塔基础保护帽风化、开裂和内部填充砂石等情况（见图1-2）。经全面排查，发现该工程63基塔位保护帽存在风化、开裂问题。

(a)

(b)

图1-2 某工程基础保护帽开裂及抽查发现内部泥土填充

（a）基础保护帽开裂实物图；（b）保护帽内部实物图

【案例分析】

1. 原因分析

分包单位偷工减料，冬季施工养护不到位。施工单位存在管理漏洞，未严格复检、验收。监理旁站、隐蔽工程验收流于形式，未发现问题。

2. 责任分析

（1）分包单位存在偷工减料，漠视施工质量，冬季施工养护不到位，受冻后造成保护帽风化干裂，对保护帽质量负主要责任和直接责任。

（2）施工单位以包代管，在保护帽施工过程中项目部质检人员没有现场监督、检查、确认，自检验收工作流于形式，没有对保护帽实体质量进行全面检测和验收，负主要管理责任。

（3）监理单位在保护帽浇制前后未认真开展检查和验收确认工作，浇制期间未安排人员旁站，负主要管理责任。

（4）建设管理单位在验收时对保护帽质量把关不严，只进行了表观质量验收和抽取少量保护帽打开验收，没能及时发现并消除存在的质量问题，负次要管理责任。

【指导意见】

（1）施工单位要编制保护帽施工专项方案，明确质量管控要求，在分包合同中要明确考核措施，加强对分包单位质量行为的考核和通报，对屡次出现质量问题的分包单位要列入黑名单；项目部要安排专责质检人员，对每基保护帽浇制前的地脚螺栓数量、规格及紧固情况进行检查确认，每基保护帽浇制应留存质量验收记录及施工过程数码照片；保护帽浇制完成后要加强养护，冬季施工要做好防低温冻裂措施；项目部要加强验收，自检验收要按100%逐基确认。

（2）监理单位要做好保护帽浇制质量的监督工作，督促施工单位做好保护帽施工专项技术质量交底工作；落实专人做好浇制前的核查，现场原材料质量、机械设备数量须满足浇制要求后才能放行开展保护帽浇制工作；严格按验收比例对保护帽质量进行验收把关，对保护帽质量达不到要求的，要加倍提高抽检数量，直至全部抽验满足质量要求。

（3）建设管理单位要加强工程质量管理和验收工作，在合同中明确质量责任条款，对出现质量问题的施工、监理严格考核，考核结果除对责任单位进行经济处罚外，还要纳入后续招投标评选；在竣工预验收阶段严格按验收比例对保护帽质量进行随机抽取验收确认，确保工程质量。

案例3　高低腿基础二次浇筑且未配筋导致断裂案例

【案例描述】

某检修公司年检过程中发现某工程A腿基础有纵向小裂纹，挖开基础立柱，发现基础顶面向下约0.8m处有贯穿式横向裂缝并伴有明显错位、断层现象（见图1-3），断裂位置向线路外侧方向45°滑移约5cm，最大宽度约9cm，目视断裂部位无配筋。经专业设备进一步检查发现基础顶部1m均为素混凝土浇筑。

经全面排查该段高低腿基础，共发现3基基础6条塔腿存上述在二次浇筑素混凝土、无配筋情况。

图1-3 某工程基础断裂现场照片

【案例分析】

1. 原因分析

（1）施工人员业务能力不足，分包队伍测量人员在分坑时将基坑底部高程测量错误未及时发现，在基坑开挖、绑筋支模、浇筑各阶段自检中未发现错误。

（2）施工分包人员责任心缺失，基础拆模后发现问题，蓄意隐瞒，且造假、篡改施工记录，未向施工项目部和监理汇报，而是私自用素混凝土将各腿加高1m后回填，造成此次质量问题责任性重大隐患。

（3）施工项目部管理存在漏洞，施工项目部质检员在基坑开挖、支模浇筑、拆模各环节未复查基础标高，关键工序未按要求进行管理验收。

（4）驻队监理员及专业监理工程师在隐蔽工程签证时未认真检查，且对分包班组工作监管不到位。

（5）业主项目部对现场监督管控不到位，检查验收工作流于表面、管控层层缺失。

2. 责任分析

（1）施工单位对分包单位管理缺位，施工单位未能对分包单位从制度、人员等方面采取有效监管措施，致使分包单位现场施工出现问题后通过各种手段进行掩盖并出现此次事件，在本次质量事件中承担主要责任。

（2）监理单位对监理项目部未配齐检测设备，人员培训不到位，工程监理责任未能有效落实，在本次质量事件中承担次要责任。

（3）建设管理单位对业主项目部人员培训、检查不到位，暴露出管理上还存在不足，负管理责任。

【指导意见】

1. 问题处理

（1）临时加固方案。采用拉线固定和设置抱杆的临时加固方案（见图1-4）。

（2）缺陷处理方案。质量缺陷塔基问题基础均采用焊接加大塔脚板、镁质混凝土浇筑围护结构、预埋新地脚螺栓进行加固，破除原基础素混凝土并填实方式治理。

图 1-4　质量缺陷基础采用临时加固、补强措施

2. 技术方面

（1）加强设计深度，针对线路塔基进行逐基勘查，针对不同地形、不同环境，对杆塔基础开展差异化设计，同时结合微地形等因素，进一步强化杆塔的设计形式，防止再次出现此类问题。

（2）严肃施工班组交底制度，强化班组技术员对施工各道工序的质量复核。

（3）增加工程实体实测实量，为有效验证实体工程与施工图纸的符合性，在施工单位三级验收、监理初验和中间验收工作中，增配钢筋探测仪及基础保护层测厚仪对基础成品的钢筋数量和保护层厚度进行检测，增配回弹仪检测成品基础混凝土强度。

（4）积极推广先进的基础及土建施工（尤其是混凝土施工）新技术、新工艺应用，避免易发生的质量隐患产生。

（5）贯彻落实施工标准化管理要求，在分坑开挖、支模验筋、浇筑旁站、拆模回填等关键环节尤其是隐蔽工程阶段，严格落实实测实量及质量工程数码照片要求，督促施工项目部质检员、专业监理师和驻队监理员对基坑深度、基顶标高等重要几何尺寸的严格检查验收工作，并做好数码影像资料留存，执行质量五必检和六必验的质量强制措施，做到"谁检查，谁签证，谁负责"。

3. 管理方面

（1）规范专业分包管理，强化法律法规和规章制度对专业分包管理的要求，厘清责任界面，明确管理措施，规范到岗履责。严格对分包队伍进行准入把关，要求施工单位按照"四统一"（统一管理，统一标准、统一培训、统一奖惩）要求，严格规范分包队伍的培训及管理，严禁以包代管、包而不管造成的管控缺失。

（2）加强业主、施工、监理项目部技术专业管理，特别是作业层班组和驻队监理员对规程规范、设计图纸、检测验收方法的交底和培训，提高技能，确保正确理解图纸要求。各级责任落实到位、责任到人，坚决遏制此类事故再次发生。

（3）加强建设管理单位技术管理工作，针对建设过程中及运行中出现的缺陷及问题，形成工程建设技术问题清册及防治措施，在工程设计和施工前对参建单位进行宣贯，从思想和工作上加强各类人员的重视程度，确保问题不再次出现。

（4）做好工程质量回访工作，工程投运后由建设管理单位定期组织设计、施工、监理单位与运行单位开展回访座谈，查找工程建设中存在的不足，提出解决措施，为后续工程建设及运行提供宝贵经验。

案例 4 基础裂缝修复后再次出现裂纹、裂缝案例

【案例描述】

2017 年，某检修公司在开展某工程线路全面接地电阻测量和隐患排查工作过程中发现，某塔基三条腿基础立柱存在裂纹现象（见图 1-5）。国家电网公司总部现场组织召开了基础裂缝原因及加固方案研讨会，组织设计院制定基础加固专项方案。通过表面打凿、设置垫层、植筋、绑扎钢筋、重新浇筑等措施对存在裂纹的基础进行了加固。

(a) (b)

图 1-5 部分塔位基础裂缝

（a）现场实物图（一）；（b）现场实物图（二）

2021 年，该检修公司巡视发现该工程某塔基 B、C 两腿基础修复后的立柱表面存在不同程度的裂纹。随后对原质量缺陷问题所在标段修复后杆塔基础进行了全面排查，共排查 20 基塔、66 个基础立柱。其中 41 个基础立柱被回填土掩埋，无法查看裂纹情况；15 个基础立柱外表无明显新增裂纹；10 个已采取加固措施的基础立柱再度出现裂纹。该质量缺陷基础修复后新增裂纹（见图 1-6）。

(a) (b)

图 1-6 修复后新增裂纹照片

（a）现场实物图（一）；（b）现场实物图（二）

【案例分析】

针对此次基础裂缝修复后再次出现裂缝问题，建设管理单位已组织施工单位及专家组进行了分析研究，但尚未有明确的成因结论。目前正会同运行单位加强问题基础的持续性巡查及倾斜监测，确保线路正常运行。

【指导意见】

1. 问题处理

由施工单位对再度出现裂纹的基础采取临时加固措施（抱箍加固），并加强监测，对于后续基础再度出现裂纹的塔基，征求了运行单位意见按照上述方案处理。

2. 技术方面

（1）加强设计深度，针对线路塔基进行逐基勘查，针对不同地形、不同环境，对杆塔基础开展差异化设计，同时结合微地形等因素，进一步强化杆塔的设计形式，防止再次出现此类问题。

（2）严格执行施工班组交底制度，强化班组技术员对施工各工序的质量复核。

（3）积极推广先进的基础及土建施工（尤其是混凝土施工）新技术、新工艺应用，避免产生质量隐患。

（4）贯彻落实施工标准化管理要求，在分坑开挖、支模验筋、浇筑旁站、拆模回填等关键环节，尤其是隐蔽工程阶段，严格落实实测实量及质量工程数码照片要求，督促施工项目部质检员、专业监理师和驻队监理员对基坑深度、基顶标高等重要几何尺寸严格检查验收，并做好数码影像资料留存，执行质量“五必检、六必验”质量强制措施，做到“谁检查，谁签证，谁负责”。

3. 管理方面

（1）规范专业分包管理，强化法律法规和规章制度对专业分包管理的要求，厘清责任界面，明确管理措施，规范到岗履责。严格分包队伍准入把关，要求施工单位按照“四统一”要求，严格规范分包队伍培训及管理，严禁以包代管、包而不管造成的管控缺失。

（2）加强业主、施工、监理项目部技术专业管理，特别是作业层班组和驻队监理员对规程规范、设计图纸、检测验收方法的交底和培训，提高技能，确保正确理解图纸要求，各级责任落实到位、责任到人，坚决遏制此类事故再次发生。

（3）加强建设管理单位技术管理工作，针对建设过程中及运行中出现的缺陷及问题，形成工程建设技术问题清册及防治措施，在工程设计和施工前对参建单位进行宣贯，从思想和工作上加强各类人员的重视程度，确保问题不会再次出现。

（4）做好工程质量回访工作，工程投运后由建设管理单位定期组织设计、施工、监理单位与运行单位开展回访座谈，查找工程建设中存在的不足，提出解决措施，为后续工程建设及运行提供宝贵经验。

案例 5 基础结构性贯穿裂缝案例

【案例描述】

2021 年，某检修公司运行人员开展巡视时发现某工程塔基基础各有 1 条腿产生裂缝（见图 1-7）。

(a) (b)

图 1-7 某工程塔基基础裂纹

（a）现场实物图（一）；（b）现场实物图（二）

498 号塔 C 腿 BC 面与保护帽出现结构性贯穿裂缝，最大宽度约 20mm，显示该面有位移发生。砸开保护帽看到塔脚板与基础贴合紧密，未见不均匀受力现象。502 号塔 A 腿出现结构性贯穿裂缝，最大裂纹宽度约 10mm，裂纹从顶面中心开始发展，向 4 个方向延伸，并从承台立柱立面向下发展生成，502 号塔基础裂纹照片如图 1-8 所示。根据运行单位巡视记录和开裂处雨水侵蚀程度，判断裂缝于 2021 年 6 月生成，并快速发展。

(a) (b)

图 1-8 502 号塔基础裂纹照片

（a）现场实物图（一）；（b）现场实物图（二）

498、502 号塔位所处地形均为圩区，塔型均为直线塔，两基塔处于同一耐张段，基础型式均为群桩承台灌注桩基础，塔位基本信息见表 1-1，基础型式如图 1-9 所示。

表 1-1　　塔位基本信息

运行号	设计号	塔型	基础型式	主柱宽度（mm）	主柱高度（mm）	承台宽度（mm）	承台高度（mm）	桩径（mm）	桩长（mm）
498	E029	SZ304—54	群桩（4 桩）	1600	1400	4500	1600	900	28 000
502	E033	SZ301—54	群桩（4 桩）	1600	1500	4500	1600	900	18 000

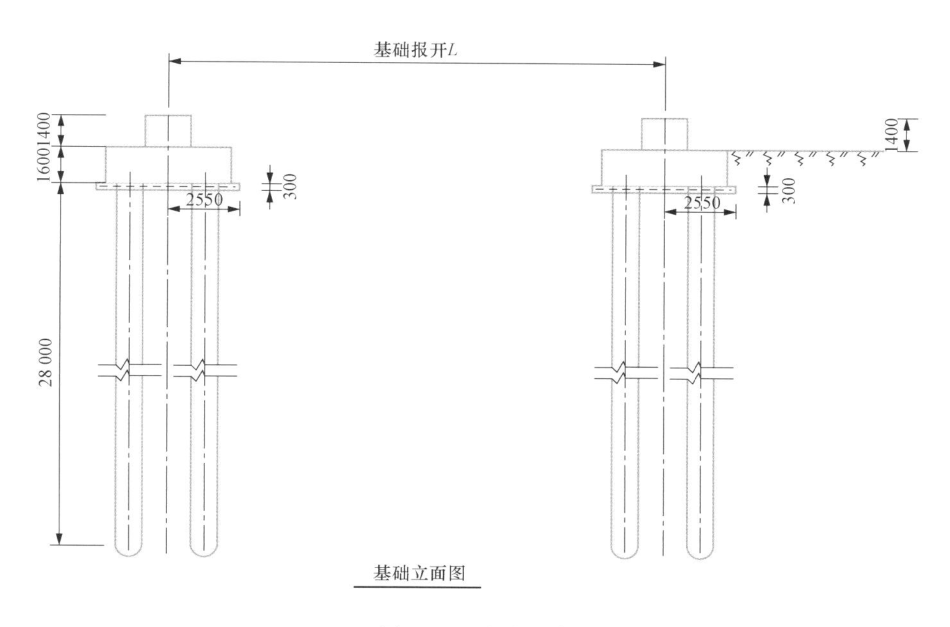

图 1-9　基础型式

【案例分析】

1. 原因分析

（1）总体情况梳理。

2021 年 8 月，某检修公司组织第三方检测机构对 498 号和 502 号塔基础进行的无损检测结果显示，498 号和 502 号塔基础立柱混凝土强度均满足标准要求，498 号塔 C 腿基础部分主筋保护层厚度超差，502 号塔 A 腿基础部分箍筋间距、主筋保护层厚度超差。

根据 498 号塔基础施工质量检测报告，498 号塔裂纹在 C 腿，检测单位测得最大裂缝宽度为 12mm，裂缝深度值为 235.6mm。498 号 C 腿基础顶面裂缝检测示意图如图 1-10 所示。基础箍筋设计间距为 200mm，允许误差 10mm，实测箍筋平均间距为 208mm；主筋保护层厚度设计为 50mm，允许误差－5mm，实测主筋保护层厚度为 34～67mm，其中保护层厚度在 45mm 以下的测量点共 9 个（分别为 34、37、38、39、42、42、43、43、44），占比 20.45%（共测量 44 个点）。

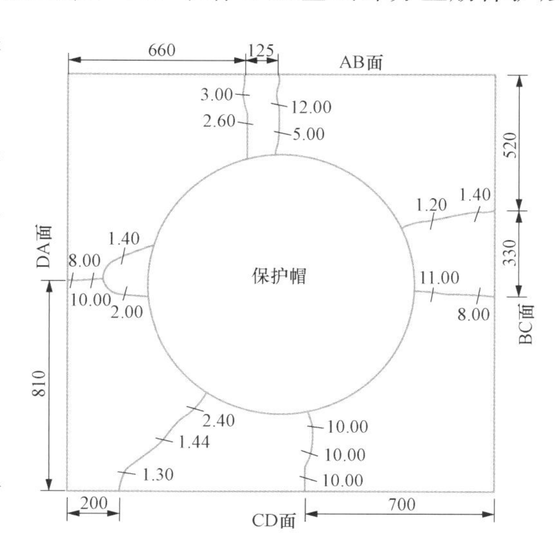

图 1-10　498 号 C 腿基础顶面裂缝检测示意图

根据502号塔基础施工质量检测报告，502号塔裂纹在A腿，检测单位测得最大裂缝宽度为4.32mm，裂缝深度值为237.3mm，502号A腿基础顶面裂缝检测示意图如图1-11所示。基础箍筋设计间距为200mm，允许误差10mm，实测箍筋平均间距为248mm；主筋保护层厚度设计为50mm，允许误差－5mm，实测主筋保护层厚度为42～74mm，保护层厚度在45mm以下的测量点共4个（分别为42、42、42、43），占比9.09%（共测量44个点）。

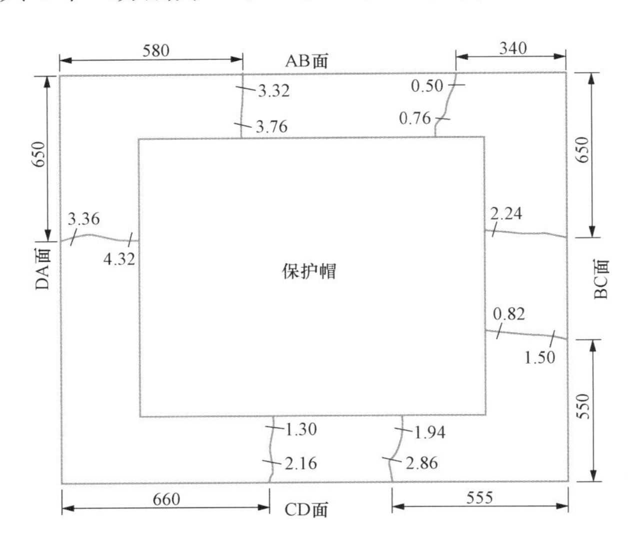

图1-11　502号A腿基础顶面裂缝检测示意图

根据上述数据，推断出现以上情况的原因可能是基础浇筑时，钢筋笼和基础模板发生轻微偏移；立柱主筋外箍筋未均匀绑扎或绑扎位置存在轻微偏差。

根据该检修公司巡视记录，2021年3～6月，该工程开展了专业巡视5次、专项巡视71次，基础均无异常。工程自2013年12月投运至发现问题时已超过7年，498号和502号塔基础一直未出现过此类裂纹和裂缝情况，因此判断基础箍筋间距和主筋保护层厚度存在的问题不是造成本次基础开裂问题的主要可能原因。

2021年6月29日，该检修公司在开展防汛专项排查过程中，发现淮芜Ⅰ/Ⅱ线498号C腿基础立柱上表面及立柱面出现裂纹和结构性贯穿裂缝。随后又在排查中发现邻近的502号塔A腿基础立柱上表面及立柱面出现裂纹。同时结合498号和502号塔基础开裂处雨水侵蚀程度，判断裂纹（裂缝）为2021年6月生成，并快速发展。根据检修公司记录，6月持续遭遇暴雨大风等强对流天气，其中，雷雨大风100次、暴雨393次。持续的强对流天气叠加498号和502号塔位于圩区的地形地势，是可能导致基础开裂并快速发展为结构性贯穿裂缝的主要原因。

（2）设计方面原因分析。

设计对线路局部微地形（圩区）、微气象（局部强风、暴雨）等考虑不足，对局部微地形、微气象等条件可能引起导线摆动、舞动，继而引起铁塔额外振动等影响线路长期安全稳定运行的情况缺少考虑。设计单位对498、502号塔附近气象条件进行了复核，原设计文件主要考虑了最大风力的影响，未见对微地形、微气象等情况进行考量的相关内容。持续强对流天气，暴雨、局部强风、雷暴和大温差的恶劣天气，基础出现应力集中继而引发基础裂纹并快速发展，可能是问题出现的主要原因之一。

（3）施工方面原因分析。

1）钢筋笼加工时钢筋间距与设计图纸有偏差，在钢筋笼制作成型过程中，分包单位施工人员未严格执行图纸要求，在钢筋笼绑扎（焊接）过程中疏忽钢筋外箍筋间距控制，是外箍筋间距不符合设计要求的原因之一。

2）施工分包单位施工时把控不严，致使钢筋笼和基础模板间距出现偏差；在混凝土浇筑过程中，分包单位施工人员串筒设置不合理，造成混凝土冲击钢筋笼，使外箍筋发生移位，或者是在使用振动棒进行振捣时，因操作不当致使外箍筋移位，浇筑过程操作不当是外箍筋间距不符合设计要求的另一个可能原因。

（4）管理方面原因分析。

1）施工单位对分包单位管理缺位，基础立柱主筋外箍筋未均匀绑扎或出现绑扎位置偏差，施工过程出现钢筋笼和基础模板发生相对偏移。

2）隐蔽工程验收和实测实量不够严格，工作的精细度不足，没有发现施工偏差情况。

2. 责任分析

（1）外部因素。

持续遭遇强对流天气，处于圩区的498号和502号塔基础受到瞬时局部应力过大后，导致基础开裂并快速发展为结构性贯穿裂缝。

（2）设计因素。

该特高压线路工程受当时设计水平和客观实际限制，工程设计的单位对线路所在地区大风、局部微气象条件的考虑不够全面。

（3）施工因素。

1）施工单位对分包单位管理缺位，没有严格按照设计图纸执行，致使钢筋笼和基础模板发生相对偏移，立柱主筋外箍筋未均匀绑扎或出现绑扎位置偏差。

2）隐蔽工程验收不够严格。监理在组织主筋保护层厚度、箍筋距（502号A腿）等隐蔽工程验收时，工作的精细度不足，没有发现个别施工超标情况。

3）工程验收的实测实量力度不够，在质量验收过程中未能及时发现施工偏差情况，在质量管控措施落实方面仍需强化。

【指导意见】

1. 问题处理

（1）临时加固方案。

设计院出具了基础临时加固方案，施工单位按照基础临时加固方案，采购加工了2套C型槽钢和紧固拉杆，分别对498号C腿基础、502号A腿基础进行加固。同时为防止雨水渗入导致锈蚀钢筋，现场使用防雨布进行整体覆盖，问题基础加固及防水处理如图1-12所示。

图1-12 问题基础加固及防水处理

（2）永久加固处理。

该检修公司组织第三方检测机构对498、502号塔的基础混凝土强度和钢筋保护层厚度进行了无损检测。

组织召开该线路基础裂纹成因分析及处置方案专家讨论会，

设计院于及时完成了 498、502 号基础承载力评估，提供了基础设计计算书，并编制完成了基础加固治理的施工说明书及施工附图、施工图预算等设计文件。

施工单位对 498、502 号基础裂纹的长度、深度、宽度及强度进行检测，所有裂纹均没有进一步发展变化。

施工单位按照设计院基础加固治理方案对 498、502 号进行永久加固处理，基础永久性加固施工过程如图 1 - 13 所示，基础永久性加固完成后实际效果如图 1 - 14 所示。

图 1 - 13 基础永久性加固施工过程

图 1 - 14 基础永久性加固完成后实际效果

2. 设计方面

（1）加强后续勘查设计深度管理，组织勘查设计单位在后续工程初步设计阶段对线路塔基进行逐基勘查，针对不同地形、环境开展杆塔基础差异化设计，优化杆塔基础设计型式，采取必要抗裂措施。

（2）深入研究局部微气象条件的影响，综合考虑微气象的影响，为进一步提高工程的本质安全，在后续基础设计时应考虑采取构造加强措施，如基础主柱顶部设置钢筋网片等构造措施，进一步提高基础顶部的抗裂能力。

（3）要组织设计单位针对 498 号 C 腿和 502 号 A 腿基础贯穿性裂缝分布情况，开展结构性和非结构性裂缝综合判断分析和必要建模。在后续工作中，结合近几年基础混凝土主柱开裂的案例，适时开展基础混凝土主柱开裂问题研究，对产生基础裂缝的影响因素（如局部微地形、局部微气候、温差、保护层厚度、箍筋间距等）做深入分析，综合研判基础裂纹裂缝产生的真正原因，提出针对性的设计、施工措施。

3. 管理方面

（1）加强作业人员教育培训，对组织作业层班组和驻队监理员开展规程规范、设计图纸、施工方案、检测验收方法等的交底和培训，提升一线参建人员到岗履职能力。

（2）强化施工质量过程管控和验收，严格落实隐蔽工程监理旁站制度和实测实量工作要求，在施工单位三级验收、监理初验和中间验收过程中，增配钢筋探测仪对基础成品的钢筋数量、保护层厚度等进行检测，确保工程建设质量。

（3）强化隐蔽工程验收要点执行，加强对钢筋的数量和间距、箍筋配置进行严格验收，由施工单位质检人员、监理人员共同对箍筋配置、钢筋保护层签字确认，并将检查内容据实在施工记录、监理日志中记录。确保基础箍筋绑扎位置以及基础钢筋保护层厚度符合设计要求。

（4）加强工艺、方案在现场的落地实施，施工单位应采取稳定可靠的支撑固定方式对立柱钢筋笼、模板进行支撑固定，确保在混凝土施工过程中，钢筋笼、模板不发生位移。监理在混凝土浇筑过程中，全程进行旁站控制。

案例6　煤矿采空区基础沉降及杆塔倾斜案例

【案例描述】

1. 某特高压直流工程甲

2015年5月20日，该工程821A塔位在组塔过程中基础发生过不均匀沉降，铁塔位于某煤矿上方；工程于2016年8月投运后，当月发现827B塔位地表出现裂缝、挡墙破裂，铁塔未发生倾斜，考虑是采空后残余应变导致地表出现裂缝、挡墙破裂，但塔基因大板基础防护起作用未发生倾斜，地表裂缝照片如图1-15所示。

(a)

(b)

图1-15　地表裂缝照片

(a) 现场实物图（一）；(b) 现场实物图（二）

821A杆塔发生沉降后，设计单位对该矿的可采煤层厚度、埋深、采厚比及开采方式等进行了复核，与原设计一致。最终采用的处理方案是821A、827B杆塔均维持原路径，该煤矿内塔位采取前后调整的方案，将塔位尽量移入已采完的采掘面内。821A杆塔采取原位置新建，827B杆塔采取向小号侧移位，移入821A杆塔同一采掘面内（当时此采掘面2号煤刚采完放顶，处于残余应变期间），以避让煤矿计采区，投运后运行良好。

工程可行性研究、初步设计阶段对煤矿分布进行了深入调查，由于该县煤矿资源丰富，煤矿带呈东北—西南分布，宽40～60km，长60～80km。该工程线路呈西北—东南方向走线，无法完全避让。设计提供了多方案比选，经评审，路径从采厚比较大、压矿长度较少的区域通过，线路路径示意图如图1-16所示。

2. 某特高压交流工程

该特高压交流工程于2020年11月投产运行。工程投运后，某检修公司在日常巡视中发现

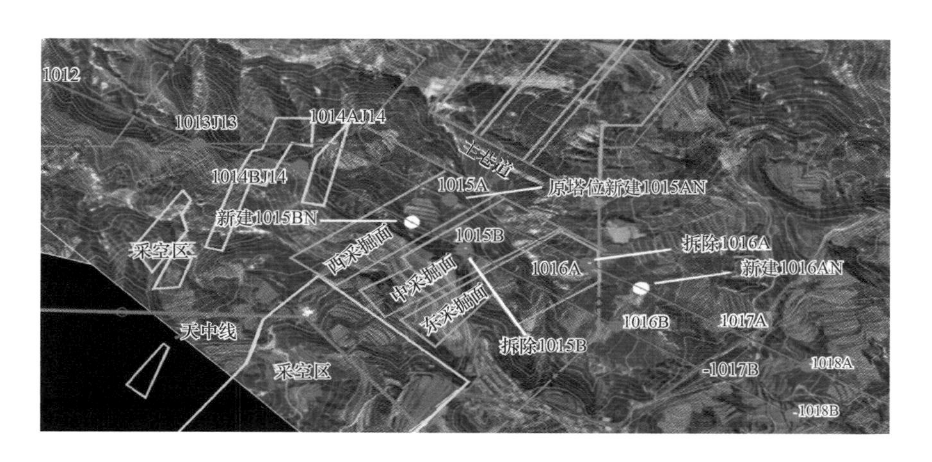

图 1-16 线路路径示意图

该工程因煤矿开采致使约有 20 基铁塔存在杆塔倾斜超标、少数杆塔短时超标又恢复的情况。2021 年 7 月底，10 号铁塔光缆线夹倾斜严重，光缆支架应力集中情况明显，杆塔倾斜率为 7‰～10‰。

该线路途经某矿区，该矿东西长约 6km，南北长约 11km，3 号煤厚 5.65m，采厚比 81～95，15 号煤为富硫和高硫煤，目前无开采计划。线路穿越矿区共计 10.56km，铁塔 21 基。工程与沿线煤矿签订“相互保证安全”协议，约定煤矿采掘活动影响到塔基时，应提前 90 天书面通知甲方，并提供相关资料。该煤矿公司自 2020 年 5 月开采后，均未通知工程各单位，也未提供相应资料。

3. 某特高压直流工程乙

某特高压直流工程于 2019 年 1 月 11 日投产运行。该线路 1223A～1225A 号、1225B～1226C 号共 6 基分极塔位于某煤矿区。工程投运前及前期运行阶段煤矿未生产，铁塔未倾斜。2020 年 12 月，由于地下煤矿过采，导致 1225A 号杆塔倾斜超标严重，地表产生众多裂缝。随即对架空地线采取张力释放、替换滑车等措施，铁塔倾斜率于 2021 年 3 月底回至 10‰的可控范围。

工程可行性研究、初步设计阶段对煤矿分布进行了深入调查，根据路径全线航空线情况，工程整体东西走向，途经南北向带状煤矿，平均宽度 4～8km，全长约 300km，无法避让。

【案例分析】

经全面调查，以上工程在可行性研究、初步设计阶段均对煤矿分布进行了深入调查和综合比选，确定了最终的路径走向，但无法避让相关煤矿区。

1. 客观原因方面

上述工程途经的省份为全国产煤大省，煤炭资源储量丰富。截至 2014 年，该省份因采煤引起严重地质灾害的区域达 6940km^{2}以上，沉陷区面积以每年 94km^{2}的速度增长。工程路径完全避让煤矿采空区存在较大困难，无论是绕行还是留保安煤柱都将大幅增加工程投资。煤矿的开采规划和作业计划，属于煤矿企业内部资料，收集资料存在难度。煤矿整合前，煤矿开采普遍存在越界超采情况，私挖乱采也屡禁不止，收集其开采资料十分困难；煤矿整合后，政府加强了煤矿生产的监管，国营煤矿开采相对正规，收集资料依然存在难度，违规开采仍然存在，客观上对线路安全存在影响。

2. 建设程序方面

输电线路工程的路径选择除考虑经济性外，还受系统规划、政府规划、地形地貌、交通运输等因素的影响，在途经煤矿区域时不能完全避让，只能选择采厚比、地形较好的区域通过，缩短通过长度，预留措施以便扶正纠偏。输电线路工程的路径方案、长度总体受可行性研究批复、环水保批复的约束，只能作局部优化。而山西煤矿资源分布广、范围大，开采价值高，仅通过局部优化路径很难完全避开安全风险较大的采空区。

3. 技术方面

因煤炭资源丰富的省份较为集中，采空问题只是区域性问题，在全国并不普遍，系统内研究机构对此类问题针对性研究较少。目前的防护措施，基本上采用的是设计、运维单位多年积累的经验作法，少数工程与相关高校开展过研究，但缺少持续性，创新措施较少。煤矿采空治理是一项较为复杂的综合问题，仅依靠系统内单位短期内很难完成技术突破。

【指导意见】

1. 设计方面

（1）路径选择按照经过矿区最短、采厚比大于30的原则；为保证安全性，在煤矿区段路径采用单极塔通过。

（2）杆塔呼高适当增加，导线对地距离预留1～2个呼高。

（3）尽量减小耐张段长度，减小塌陷对线路影响的范围，并尽可能避免在塌陷区内设置耐张塔。

（4）直线塔水平档距均有10%以上的裕度。耐张塔转角度数均有2°以上的裕度。

（5）煤矿区7基杆塔均安装杆塔倾斜监测装置。

（6）均采用复合大板基础，以抵抗基础可能出现的不均匀沉降；加长地脚螺栓150mm，便于基础沉降后进行纠偏扶正。

2. 技术方面

（1）线路路径优先避让采空区，无法避让时尽量选择压覆煤矿少、采厚比大的区域通过。

（2）做好专题研究，严格执行规程规范和相关文件要求，采取差异化设计，必要时进行超规范设计，进一步提高设计标准和设计裕度。

（3）重点地段增加在线监测装置数量，丰富在线监测手段，便于早发现、早干预、早修复。

（4）重点工程结合采空区可能出现的不均匀沉降情况，编写抢修通用设计，建立抢修专用备品备件库。

3. 管理方面

（1）加强可行性研究路径选择阶段沿线煤炭资源压覆情况和采掘计划的收集，为预计采空区对线路影响的程度和时间提供相对准确的判断依据。

（2）寻求政府支持，与沿线煤矿签订互保协议，明确双方权利义务，建立信息共享机制，及时取得煤矿开采进度等资料，以便制定保护措施预案。

（3）建议常备扶正抢修力量，通过多案例分析和练兵，掌握杆塔不停电扶正等作业方案。

（4）加大科研投入力度，联合高校、科研机构等单位，从采空探测、预警、治理等多方面进行分析研究，在现有技术手段的基础上寻求突破。

案例7 基础回填不到位引起基础塌陷案例

【案例描述】

某特高压直流工程于2012年7月投产运行。2021年10月，某检修公司在开展巡视时发现该工程1381号塔B腿基础内侧出现一口径50cm×60cm坑洞（见图1-17）。根据现场勘查情况，1381号塔B腿南侧（内侧）发现一孔洞，经探挖后，探明该洞深约80cm，位于B腿基础（型号：YB5+2.0）主柱加高范围内，坑洞的存在暂未对铁塔基础产生影响，对线路正常运行无影响。

经线路原设计单位和地质咨询单位踏勘，制定了治理措施，并于2021年11月14日完成坑洞回填压实、修缮排水沟（见图1-18）。经检查，杆塔基础无异常情况。

图1-17 某工程1381号塔B腿基础坑洞现场图

图1-18 某工程1381号塔B腿基础坑洞处理完成情况

【案例分析】

1. 原因分析

1381号塔基础型式为岩石嵌固基础，B腿基础型号为YB5+2.0，主柱加高值为2.0m，根据设计图纸要求，主柱基础的加高值可以外露于地面，亦可埋于土中。

根据现场勘查，1381号塔B腿孔洞口径50cm×60cm，洞深约80cm，位于B腿南侧（内侧）基础主柱加高范围内。

基础主柱紧邻大块岩石，施工过程产生的余土在坑口附近仅进行了摊平处理，但由于石块大小不一，摊平时颗粒级配较差，压实不均匀，经长时间雨水冲刷、沉淀，导致上层覆土流失出现沉塌形成坑洞。

2. 责任分析

（1）设计图纸中，基础未设置堡坎、截水沟等水保措施。

（2）基础因采用爆破开挖方式，产生的余土石块大小不一，施工单位采取了余土就近摊平处理方式，但在摊平处理过程中，颗粒级配不均匀，导致经雨水长时间冲刷后上层覆土流失形成坑洞。

【指导意见】

1. 技术方面

（1）设计单位要结合最新环水保要求，明确给出余土消纳方式，合理设置堡坎和截水沟。

（2）优先采用先进岩石开挖施工工艺，减少岩石开挖量及产生的级配差异。

（3）采用新型基础型式，减少土石方人工开挖量。

2. 管理方面

（1）参建单位按职责分工进一步加强基础施工过程中余土消纳的管理。

（2）加强高科技监管手段的使用，保证基础施工过程中有效落实余土消纳措施。

案例 8　基础边坡滑移案例

【案例描述】

2020 年 11 月，某建设管理单位在某项特高压直流工程验收过程中发现 0991 号塔 A、D 腿基础下坡侧出现开裂沉降，现场调查发现了 3 组裂缝，长为 30～40m，宽为 5～20cm，下沉为 10～30cm，某工程 0991 号塔边坡滑移裂缝如图 1 - 19 所示。

设计院于 2020 年 11 月下旬开展现场勘查，认为塔基所在边坡整体稳定，汇水地形、高陡临空面和暴雨等是产生浅表层滑塌的主要原因，牵引式向上坡侧发展滑动，产生一系列裂缝，但影响深度有限。A、D 腿塔基设计露高 2～3m，且铁塔基础各腿均嵌入基岩一定深度（3～5m），铁塔基础未出现沉降、位移，塔身未出现倾斜，塔材未发现变形，塔位场地整体稳定，不影响线路的安全运行。但由于外侧 35～40m 处陡坎边缘 1 号及 2 号出现滑塌，考虑工程的重要性及难以预测的极端天气，建议对边坡采取一定的防护措施。

图 1 - 19　某工程 0991 号塔边坡滑移裂缝

2020 年 12 月，国家电网有限公司特高压部、设备部、电力规划设计总院、相关建设管理单位、相关设计及施工单位召开了防护方案评审和工作协调会议，2021 年 1 月确定了治理方案，采用抗滑桩、裂缝夯填相结合的防治方案，清除塔基周围余土，回填夯实坡面裂缝，恢复坡体原有的地貌形态，使坡面顺直，形成自然坡度引流地表水等辅助处理措施。2021 年 8 月，完成了有关治理工作。

【案例分析】

1. 原因分析

（1）降雨因素。2020年8月以来，该省份东南部连续出现3次暴雨天气，连续暴雨波及面大、破坏程度深。根据国家气象站资料统计，该省16县（区）8月平均降水量为281.3mm，较常年同期偏多近2倍，为历史同期最大。

（2）地形地貌影响。本塔基上部地形较为平缓，下坡侧为缓坡加陡坎，降雨形成的径流由上而下汇集后流入下坡侧陡坎边缘出水口。

（3）地层岩性情况。该塔基地层顺序依次为可塑粉质黏土、硬塑粉质黏土、强风化千枚岩夹变质砂岩、中风化千枚岩夹变质砂岩。

（4）地层结构情况。该塔基斜坡坡向224°～265°，倾向与坡向相反，塔基右侧陡坎可见基岩出露，坡度约20°，由于表层土体隔水性差，塔位下坡侧为一汇水地形，同时汇水面出水口为高陡临空面，在暴雨作用下导致牵引式向上坡侧发展滑动，产生一系列裂缝。

2. 责任分析

遭遇百年罕见强降雨，一方面过大的雨量冲刷坡面，另一方面部分水排出不及时导致土体强度参数降低，引起浅表层垮塌。

【指导意见】

1. 技术方面

（1）在设计阶段，塔基选择应尽量远离高陡边坡，若无法避免时，应综合地形坡度、覆盖层厚度、岩土性质（黏粒含量低）及汇水通道等因素，对高陡边坡稳定性进行评价，对存在潜在溜滑可能的塔位优先采用避让处理，无法避让时，应考虑必要的边坡加固方案。

（2）坡度大于25°的塔位应严格落实余土外运要求，避免余土导致的牵引式滑坡和表土沉降裂缝的发生。

（3）合理设置截排水通道，特别对于隔水性不好的地质在截排水设施出水口应做好消能装置，并避免位于沟谷形成新的汇水通道。

（4）对于粉土地质，设计阶段应考虑极端天气对场地稳定的影响，对汇水面大的坡面应进行坡面稳定性评价。

2. 管理方面

（1）充分发挥监理的现场监督管理作用，保证施工单位进行余土外运基面恢复等工作按设计要求落实。

（2）初步设计及施工图设计阶段应组织技术评审，增加对地质灾害易发区进行专项论证。

案例9 基础边坡保护距离不足案例

【案例描述】

某特高压直流工程于2016年8月投运。2021年1月21日，某检修公司巡视发现该工程0212

号塔 AB 面外侧发生滑坡（见图 1-20）。滑坡点位于极Ⅰ外侧 AB 面，滑坡点顺线路长度约 118m，滑坡第一裂纹距离杆塔 A 腿最近处仅剩 1.2m，裂纹宽度 1cm，距第一塌方边缘 9.8m。B 腿距滑坡第一裂纹 1.2m，裂纹宽度 1cm，距第一塌方边缘 4.75m。滑坡处距沟底高差约 86m，滑坡点坡度约为 60°（见图 1-21）。

图 1-20　某工程 0212 号塔滑坡现场全景图

(a)

(b)

图 1-21　某工程 0212 号塔基础土体滑坡、开裂情况

（a）基础土体滑坡现场图；（b）基础开裂现场图

问题发生后，该省电力公司设备部组织检修公司、送变电公司、电力设计院等单位专业人员开展勘查、评估、分析，在国家电网公司设备部指导下开展治理工作。经各专业会商、综合评估，认为塔基在天然和荷载工况下斜坡处于基本稳定状态，在暴雨和荷载工况下斜坡整体处于不稳定状态，但在坡体后缘和塔基下方斜坡局部为不稳定状态，致塔基 AB 面外侧斜坡发生滑坡，给塔基造成安全隐患。定量计算结果与定性分析评价结果较吻合。

【案例分析】

1. 原因分析

（1）气候变化地质灾害频发。该省是地质灾害严重省份，划分为 34 个地质灾害易发区，占该省国土面积 90%，有地质灾害隐患点 13 000 多处。山区和黄土高原梁峁沟壑区的滑坡、崩塌、泥石流、地面塌陷等突发性地质灾害，以及平原区地裂缝、地面沉降等危害最为严重。

（2）线路路径选择困难。区域经济较为发达，油气井田、风力发电、太阳能发电场分布极为广泛，特别是在油气井田密集区，线路路径及塔位的选择较为困难，遇滑坡地质灾害发生，危害塔基安全稳定。

2. 责任分析

塔位设计符合规程规范要求，监理、施工严格履责，基础施工质量满足规程规范要求。故该工程 0212 号塔基础滑坡主要原因为地质灾害，塔基基础施工质量、过程管控符合相关要求。

【指导意见】

1. 问题处理

该省电力公司组织相关单位制定了“右上坡土垄截水、坡顶注浆加固、坡脚注浆加固”的安全防护措施（见图 1 - 22），保护该线路 0212 号塔基稳定。

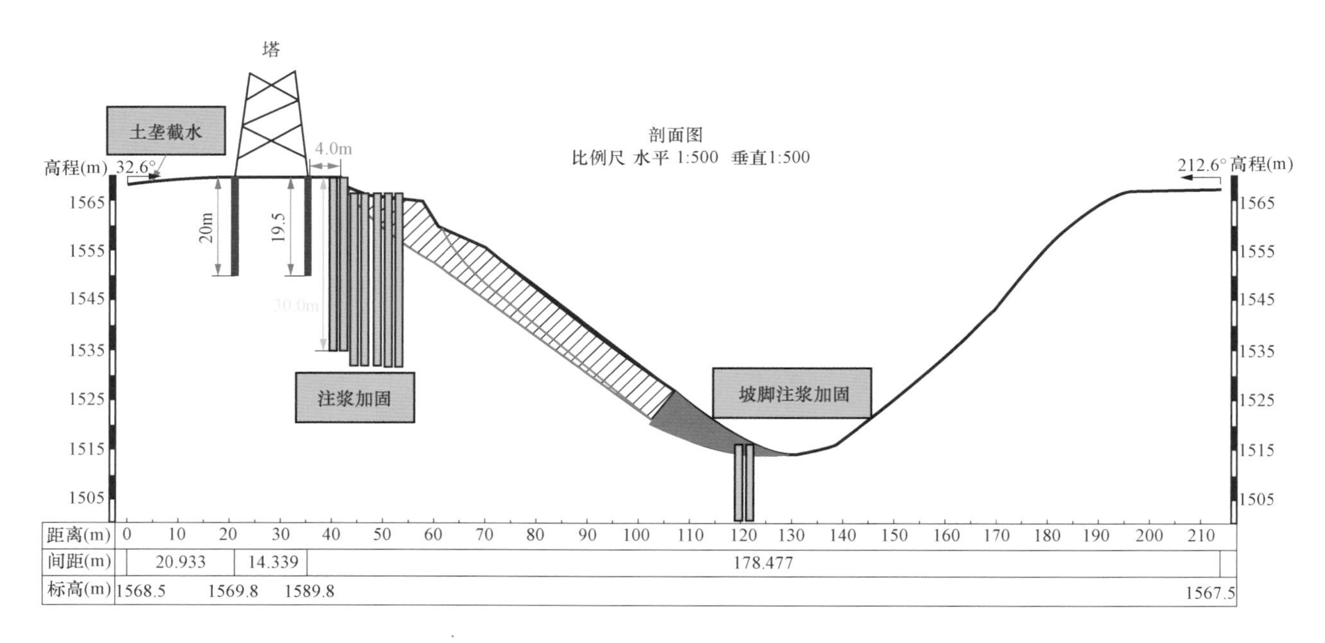

图 1 - 22 基础边坡加固措施剖面图

（1）右上坡土垄截水。在塔基南侧 8m 处设置截水土垄，土垄长 127m，顶宽 1.5m，底宽 2.0m，高 1.0m，呈直角梯形，下埋 0.5m，做夯实处理，压实系数不小于 0.95。

（2）坡顶注浆加固。在距离 B 腿 4.2m 处设置注浆孔，共设置注浆孔 7 排 186 个，孔深 30.0m，浆孔直径 150mm，注浆管为 ϕ108mm 或 ϕ6mm 花管，孔间距 2.0m，直径 0.15m，注浆完成后，注浆钢管留置孔中，下部 5 排注浆后，上部采用 0.3m 高冠梁连接，冠梁长 52m，冠梁顶高程为 1567m。

（3）坡脚注浆加固。沟底注浆加固深度 25m，注浆管保留，坡体注浆加固深度 15m，注浆管不保留，注浆沿沟长度 125m，注浆采用水泥浆。

2. 技术方面

（1）在沟壑较发育的黄土塬峁地形区域选线时，应尽量扩大铁塔基础边坡保护范围，必要时增加转角数量来增大铁塔的安全保护范围。

（2）路径选择困难地段，应对基础及基础保护设计采取加强措施，加装防杆塔倾斜在线监测装置，监测塔基安全运行情况。

3. 管理方面

（1）在可行性研究、初步设计阶段对煤田区、滑坡频发区域塔基位置的选择时，要综合考虑近年来气候变化对土壤的影响，对塔基周边地形的影响趋势，总结经验，定量定性分析，提升边坡防护措施，确保塔基长期安全稳定。

（2）认真履行特高压工程基础施工管理要求，进一步强化基坑开挖验槽、钢筋绑扎质量、混凝土配合比坍落度、养护措施、隐蔽工程监理旁站等质量管控措施落实；提高技术员、质量员技能培训，进一步加强过程管控，保障工程建设实体质量始终优良。

（3）进一步加强工程投运后的运行维护，特别是对滑坡灾害多发区域，周期性做好塔基汇水、冲沟、边坡受损等安全隐患的排查和消除，加强塔基周围的巡视检查，保障塔基及塔基周围环境安全稳定。

案例10　截（排）水沟失效引起塔基中心渗水案例

【案例描述】

2020年11月，某省电力公司在某特高压直流工程验收过程中发现1033号塔基中心有渗水现象形成水沟并形成冲洪沟，左后、右后腿有山体塌方现象，长约20m，高约25m，经测量铁塔未发生倾斜（见图1-23）。

(a)

(b)

图1-23　某工程1033号塔渗水情况

（a）现场图（一）；（b）现场图（二）

发现问题后，该省公司组织设计单位于2020年11月形成了处理方案，将排水沟上方处低洼处垫高，形成10°散水坡，防止积水；A、D腿上方处的少量裂缝，属于表层土的浅层溜坡，用水泥砂浆封堵；基面内的水沟用土填实，并按照水保要求恢复植被。2021年5月完成了相关处理工作（见图1-24）。

【案例分析】

1. 原因分析

（1）降雨因素。2020年8月以来，该省份东南部连续出现3次暴雨天气过程，连续暴雨波及面大、破坏程度深。根据国家气象站资料统计，该省16县（区）8月平均降水量为281.3mm，较

(a)

(b)

图1-24 塔位渗水问题处理效果图

（a）现场图（一）；（b）现场图（二）

常年同期偏多近2倍，为历史同期最大。

（2）地形地貌影响。本基铁塔位于一侧山坡中部。属于塔位中心较低，塔腿两侧较高的山地地形。降水量较大时，雨水从山坡汇集而下，汇集于排水沟上方的水洼处，雨水从排水沟上方渗入地层内。

（3）地层岩性情况。该塔基地层顺序为离石黄土（0～2.8m）、强风化砂岩（2.8～6m）、中风化砂岩（6m以下）。属于上软下硬地质类型。

（4）地层结构情况。由于表层土体隔水性差，塔位下坡侧为一汇水地形，雨水从黄土渗入土层后被下方透水性较差的砂岩阻隔，沿黄土和砂岩交界面继续山下流动至土层较浅处溢出。

2. 责任分析

遭遇百年罕见强降雨，山体滑坡和雨量过大冲刷地面，部分雨水排出不及时导致渗水。

【指导意见】

1. 技术方面

（1）在设计阶段，塔基选择应尽量远离高陡边坡，若无法避免时，应综合地形坡度、覆盖层厚度、岩土性质（黏粒含量低）及汇水通道等因素，对高陡边坡稳定性进行评价，对存在潜在溜滑可能的塔位优先采用避让处理，无法避让时，应考虑必要的边坡加固方案。

（2）坡度大于25°的塔位应严格落实余土外运要求，避免余土导致的牵引式滑坡和表土沉降裂缝的发生。

（3）合理设置截排水通道，特别对于隔水性不好的地质在截排水设施出水口应做好消能装置，并避免位于沟谷形成新的汇水通道。

（4）对于粉土地质，设计阶段应考虑极端天气对场地稳定的影响，对汇水面大的坡面应进行坡面稳定性评价。

2. 管理方面

（1）充分发挥监理的现场监督管理作用，保证施工单位进行余土外运基面恢复等工作按设计要求落实。

（2）初步设计及施工图设计阶段组织技术评审，增加对地质灾害易发区进行专项论证。

第二章　组塔工程类典型案例

本章主要针对特高压线路工程组塔分部工程在杆塔地线横担质量问题进行梳理、分析，总结形成组塔工程类共 1 项典型案例。

案例 11　杆塔地线横担受损案例

【案例描述】

2022 年 2 月，某省电力公司运检单位发现某特高压工程 1865 号地线横担出现折弯、1866 号杆塔光缆脱落（见图 2-1）。国家电网公司总部立即组织该工程参建单位配合运检部门开展抢修恢复工作。

针对现场反馈的情况，国家电网公司总部组织国网经济技术研究院有限公司开展设计过程复核，组织设计院根据现场实际受损情况模拟分析计算，组织国网中国电力科学研究院开展材料生产监造过程核实，组织工程建设管理单位开展工程基建过程回溯，安排铁塔厂家重新排产加工受损横担，同时梳理工程备品备件以满足光缆更换物资需求。

该工程各参建单位配合该省电力公司运检单位共同审定横担及光缆抢修方案，制定抢修施工组织设计。通过 4 天停电窗口期更换 1865 号塔地线横担和 1865～1868 号耐张段共 2.232km 光缆及光缆损坏金具。

【案例分析】

国家电网公司总部牵头组织从设计、施工、加工、验收等方面开展调查分析，结合现场降雨覆冰、微地形、微气象等天气情况，安排设计单位和电科院开展杆塔受力背靠背独立计算复核、材料质量分析，安排建管、监理、施工单位开展工程建设过程与验收资料核查比对，分析事件原因。

图 2-1　某特高压工程 1865 号杆塔地线横担折弯

通过对现场采样的落冰进行称重计算和基于图像估算本次覆冰厚度接近设计覆冰值。事后通过中国电科院和设计院的计算分析，出现故障的 1865 号塔在设计覆冰条件和假定超载条件（地线覆冰增加至 30mm）下，地线横担均能满足强度要求。

材料方面可以按荷载标准值、材料屈服强度计算，当地线覆冰厚度40mm时，覆冰工况下横担下平面端部主材最大应力比为0.76，不均匀覆冰工况下横担端部上平面交叉斜材应力比为0.61，未达到结构承载力限值。

在施工方面，应通过核查现场、施工记录、验收记录等相关资料，施工安装满足现行规范标准要求，未见异常情况。

在塔材材质、施工安装均符合规程规范要求的前提下，1865号塔地线横担损坏的主要原因可初步判断为覆冰厚度超过设计值造成的，具体失效破坏的原因待真型试验后分析确定。

【指导意见】

（1）进一步提高线路抗冰差异化设计水平。路径选择尽量靠近有运行经验的线路和资料齐全的气象站台，避让重覆冰区和大高差、大档距、微地形、微气象区段；对于无法避让的，以冰区图作为重要依据，适当提高覆冰设防标准，建议增加地线设计冰厚（如比导线增加10mm及以上），同时校验导地线动、静态接近电气间隙，增加杆塔验算冰厚，提升线路抗冰能力。

（2）为进一步提高地线抵御覆冰灾害的能力，建议开展交直流地线覆冰特征和大档距、大高差段覆冰特征研究；加快开展不停电地线融冰技术研究，攻克融冰电源、感应电压、通信控制、光缆融冰等关键难题；通过加装覆冰在线监测装置，智慧感知覆冰状态，在易覆冰、重覆冰地段进行不停电地线融冰试点应用。

（3）坚持逐步完善产品制造阶段质量管控体系，发挥材料质量管控专业优势，继续开展线材类原材料质量抽检、焊缝及锈蚀检测业务，扩大关键组部件的检测范围，把好入网设备材料质量关。

（4）加强施工前期管理策划，加大现场交底培训力度，严格落实工程技术、安全、质量等专项工作要求。

（5）进一步做好施工三级自检、监理初检、建设单位预验收管理工作；落实实测实量要求，各级验收除现场检查外，还应加强对施工记录等技术资料准确性的同步核查，并进行质量评定，确保工程建设本体质量和工程档案的规范，提升工程建设管理水平。

第三章　架线工程类典型案例

本章主要针对特高压线路工程架线部分工程，在导线展放、跨越施工、悬垂串、光缆等方面存在的施工及质量问题进行梳理、分析，总结，形成架线工程类典型案例共计5项。

案例12　导线展放断线案例

【案例描述】

某特高压交流工程在导线牵引过程中，塔上高空人员发现该档内2、3号子导线发生严重断股、散股现象，随即停止施工。

该放线区段长约9km，地形为平地。导线展放采用2×“一牵四”常规张力放线方式。放线区段内交叉跨越的电力线及国道均采取停电或搭设跨越架等措施。问题发生时已完成左相、中相导线及地线、光缆展放工作。

该事件发生后，建管单位组织业主、监理、施工项目部采取以下应急措施：塔上高空作业人员立即下塔到安全位置；将出现断股、散股的子导线降至地面；在牵张场对导线进行临锚，并设置二道保护，安排专人值守；全面排查该放线段内的人员、设备、电力线、跨越架等设施安全隐患；暂停该标段全线导线展放。

【案例分析】

国家电网公司总部组织相关单位对该工程标段架线施工方案编审批及交底、单段策划编审批及交底、施工工器具及机械设备检查、导线展放过程、物资开箱验收、驻队监理检查签证放行、导线生产、监造工作等方面的资料进行整理分析，同时组织该省电力公司对现场随机抽取的尾盘导线开展铝单丝抗拉强度、钢单丝抗拉强度、绞向、节径比等项目检测和导线过滑轮试验。结合上述工作成果组织业主、监理、施工、检测、生产厂家及科研单位等相关专家开展专题分析，确定了事件原因及后续解决措施。

1. 关于现场施工与监理过程的分析

（1）该段单段策划已完成编审批，整体符合指导现场作业的要求。策划对超长放线段的导地线具体质量保证措施描述操作性不强，但不会对放线过程中出现的导线断股、散股造成实质影响。

（2）根据对该放线段现场监理和施工人员询问，放线过程中未出现走板翻身、导线卡滑车、旋转连接器不转动、导线磨跨越架顶等异常现象，导线放线过程中无外力因素造成导线出现严重散股、断股现象。

（3）在材料站开展的导线开箱检验工作只检查了首批到货导线，开箱存在无出厂试验报告的问题一直未整改闭环。后续厂家直接运至施工现场（张力场）的导线，驻队监理未组织开箱检验工作，存在管理不到位情况。

（4）现场施工和监理人员对导线展放过程中出现的旋转连接器旋转异常现象未过多关注，对张力架线过程中导线残余扭力过大可能引起的导线损伤认识不足。

2. 关于导线存在较大残余扭力原因的初步分析

（1）在使用框式绞线机绞制导线时，应安装导线预成型装置并将其调试至理想状态，通过铝单线良好预扭减小成品导线的铝线内应力，以达到尽量减小导线残余扭力的目的。

（2）绞制时，应控制好铝单线张力以保证各单线张力平衡，同时钢芯也需施加合适张力，保证绞制后的导线各单线受力较为均衡，以减小导线内部不平衡应力，避免成品导线出现蛇形、残存扭力过大的情况。

3. 关于导线铝单丝极差超标的分析

未受外力情况下，成品导线铝单丝极差超标，主要可能由以下原因导致。

（1）绞线前制造厂未对导线单丝进行强度配盘。没有强度配盘工序，成品导线单丝极差极易超标。

（2）绞线前铝单丝强度极差配盘不合理。

1）绞前单丝强度极差控制范围过大。例如，制造厂将绞前单丝强度极差内控指标定为20MPa或更高，此情况下绞后极差极易超过25MPa。

2）绞前测量的单丝强度值不准确，此情况下配盘毫无意义：①单丝刚刚拉拔完毕未静置至室温，此时测得的单丝强度值不能代表单丝真实强度；②制造厂单丝强度测量方法有误。测量时，若拉力机夹具夹伤铝单丝所致，测得的单丝强度不能代表单丝真实强度；③制造厂配盘管理有漏洞所致。工人在绞线前未按配盘表要求执行，待绞合单丝非配盘表规定的单丝。配盘流于形式，导致极差超标。

（3）制造厂生产的铝杆强度不均，造成拉拔后铝单丝不同点位的强度不均匀，进而导致铝单丝极差超标。

（4）待绞合单丝未静置到室温，不同温度的单丝在绞合张力下，形变不一致，造成单丝强度发生变化，进而导致绞前配盘失去意义。

（5）绞制张力不均匀，绞合单丝松紧不一，绞制过程中部分单丝被冷拔，进而导致极差超标。

（6）成品检测过程把关不严。主要包括未按规定测量成品导线每根单丝的绞后强度、单丝绞后强度测量方法有误等。

4. 关于导线制造与监造过程的分析

（1）导线的制造过程中，监造单位按照相关文件要求进行了现场见证，并对见证结果进行了记录。通过梳理分析导线制造及监造过程，未发现有管理漏洞。

（2）目前对成品导线扭矩的检测缺乏量化标准，现有要求均是定性描述，一旦放线过程中出现扭矩过大情况，很难得出确定为产品存在不足的客观结论。

（3）现有规范文件及监造过程，关注较多的是产品的各项性能指标，对单线预扭及退扭装置措施缺乏明确的要求，对加工设备的相关运行状态也未要求进行记录，因此在回溯导线制造预扭及退扭措施时缺少过程细节的支撑资料。

综上所述，此次事件主要是由于导线在生产制造过程中工艺控制不到位，存在潜在性缺陷，且现场取样检测显示部分导线质量不满足招标文件要求，从而在展放过程中造成导线断股、散股等质量缺陷。

【指导意见】

（1）加强施工和监理项目部对导线到场开箱检验和验收工作，从厂家直接运至施工现场（张力场）的导线，应及时履行开展检验程序后再组织施工。加强在导线引至张力机时对导线的质量检查，发现旋转连接器旋转异常，导线残余扭力较大需及时停止施工并报告相关方。

（2）加强监造过程管控。进一步加强制造厂生产过程的管控，杜绝因不良工艺造成的导线内在缺陷；进一步加强监造过程资料留存，以备导线质量追溯。

（3）研究提升检验检测技术。开展导线残余扭力试验研究，通过研究提出残余扭力试验方法、判定依据等内容，实现导线残余扭力的测试判定。开展导线拉弯扭复合工况下损伤技术研究，确定导线放线张力工况下损伤扭矩上限值，研究具有扭矩测量功能的旋转连接器及数据传输技术，用于实时监控牵引板处的导线扭矩值。

案例13　跨越架线施工跳闸案例

【案例描述】

2011年9月，由某送变电公司施工的某±800kV直流工程1719～1734号放线段架线施工中，牵引绳在牵引导线跨越500kV双回时突然断裂，牵引绳回卷坠落后压在带电运行的500kVⅡ回地线上，造成跳闸事故，事故无人身伤亡和负荷损失，现场事故示意图如图3-1所示。

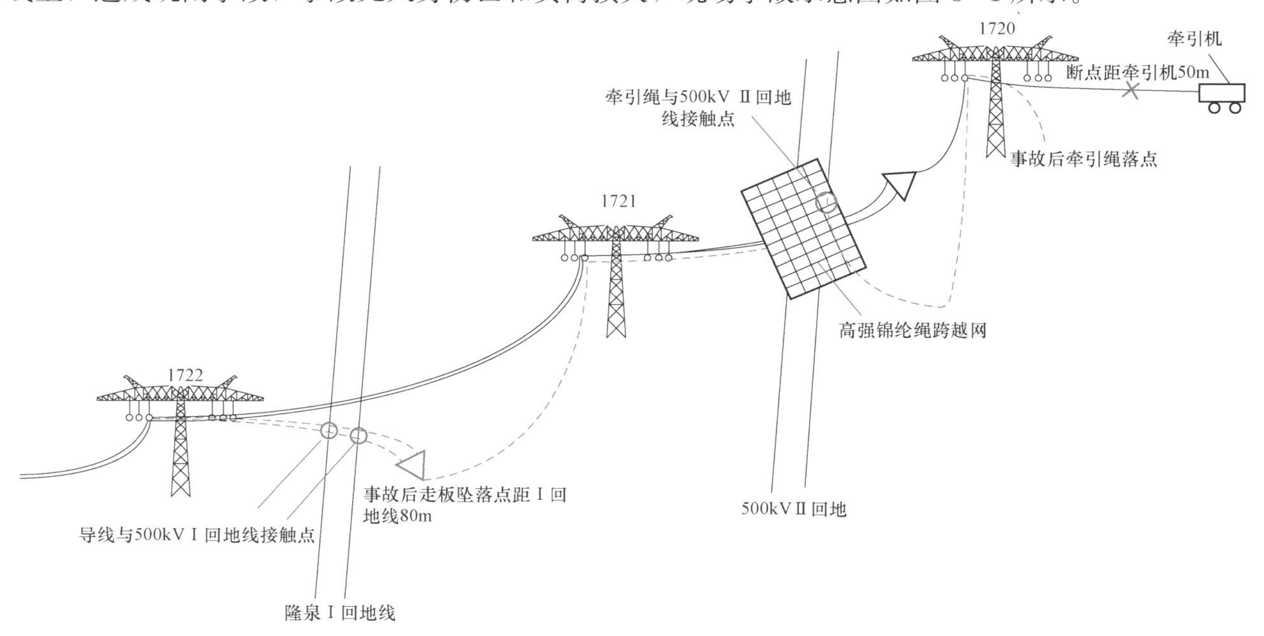

图3-1　现场事故示意图

1719～1734 号张力放线段全长 7.287km，牵引场设置在 1719 号，张力场设置在 1734 号，架线采用了 3×“一牵二”方式。其中：1720～1721 号下跨 500kVⅡ回，采用停电封拆网、不停电（退出重合闸）跨越方式；1721～1722 号下跨 500kVⅠ回，采用全程停电挂接地跨越方式。放线计划工期为 12 天。

跨越施工作业方案（含架线方案、跨越方案）属于重大特殊方案，作业前已经该送变电公司审查和建管单位组织的专家论证，编审批流程完善，现场施工技术交底管理程序完备。前 8 个作业日，该区段顺利完成地线光缆展放、右极中间及右侧三轮放线滑车导线展放、右极左侧及左极三个三轮放线滑车 ϕ14 强力丝导引绳展放。展放过程中，牵张机人员操作正常，牵张力表显示数据与方案理论计算数据基本吻合，牵张系统运行工况正常。

第 9 作业日 16 时 12 分左右，在右极左侧三轮滑车导线展放过程中，牵引走板正常通过1721～1722 号跨越 500kVⅠ回、1721 号塔滑车后，在通过 1721～1720 号跨越 500kVⅡ回上方跨越网 5m 左右时，牵引机前 50m 处牵引绳突然断裂。断点后方牵引绳、走板及导线骤然失去牵引力而回卷下坠，将 500kVⅡ回上方跨越网撕裂，牵引绳坠落在 500kVⅡ回地线上，并将地线磨断三股，造成 500kVⅡ回运行线路跳闸，走板回卷倒穿后方跨越塔 1721 号放线滑车，坠落在离 500kVⅠ回 70m 处，并连同导线压在 500kVⅠ回地线上，致使±800kV 直流线路导线 60m 长度范围不同程度损坏，未造成人员伤亡和邻近建筑物损害，未造成失电和负荷损失。

事故发生后，现场建管单位立即启动应急处置工作，施工单位主管领导及技术部门人员立即赶赴现场组织抢修和内部调查工作，并与属地调度和检修单位联系，于第二日 15 时前完成了 500kVⅠ回、Ⅱ回抢修恢复送电，落实了相关临锚加固措施，确保了事故未发生后续损害和损失。

【案例分析】

事故发生后，建管单位组织成立了事故调查组，对该区段放线管理措施、技术措施、组织措施等管理程序进行查阅，对事故发生当时工况、牵引绳质量控制程序进行检查，经现场调查作出事故原因判定。

1. 直接原因

施工单位在跨越 500kVⅠ回、500kVⅡ回架线施工时，ϕ24 牵引绳突然断裂，断点后方牵引绳、走板及导线骤然失去牵引力而回卷下坠，将 500kVⅡ回上方跨越网撕裂，牵引绳坠落在 500kVⅡ回地线上，造成 500kVⅡ回运行线路跳闸，走板回卷倒穿后方跨越塔放线滑车，连同导线压在 500kVⅠ回地线上。

2. 间接原因

（1）现场施工及监理单位对重大特殊跨越作业的重视不够，对当地恶劣民风可能造成破坏的敏感性不高，导致防外力破坏的措施不完善。

（2）重大特殊施工措施执行不到位，在 1726 号大号侧约 200m 处有一地形突起点，1726～1727 号档距 935m，档距太大，牵引绳展放完成临锚后距离地面过低，造成牵引绳与地面尚有接触点，形成外力破坏条件。

（3）现场人员责任心不强，值班人员在特殊措施实施过程中没有执行加强巡视的管理要求；监督人员也没有落实导线展放前主要受力工器具的例行检查要求。

【指导意见】

（1）事故发生后，建管单位立即责令该施工标段采取应急措施，杜绝和消除后续损害和损失的发生。要求施工单位立即停工整顿，配合开展事故调查并制订整改措施和计划。

（2）建管单位组织开展事故调查和分析，向所管辖的各在建项目通报情况，要求各现场立即传达事故情况，吸取事故教训，提出加强作业现场安全管理的措施，落实加强安全管理的各项要求。

（3）该标段业主、监理、施工单位，加强与地方政府沟通，取得地方政府的大力支持，提高防范外力破坏的敏感性，加强防外力破坏的措施管理。

（4）施工单位严格执行施工过程巡视制度，落实各级人员管理责任，加强对导线展放期间各项施工作业的现场监护，派出专人对临锚场区昼夜看护，对导线展放段牵引绳、导线、地线开展巡视。

案例 14　地线悬垂串 ZBD 挂板断裂案例

【案例描述】

某特高压直流工程于 2021 年 6 月投入运行。2022 年 2 月，某运检单位巡视发现该工程 0932 号塔地线悬垂串中与三角联板相连的 ZBD 挂板断裂，地线跌落于导线横担上。工程紧急停运，该省公司组织按原设计方案抢修更换并恢复送电。

【案例分析】

0932 号地线所用串型为 210kN 单联双线夹悬垂金具串如图 3-2 所示，适用于 JLB20A—240 型铝包钢绞线，串内共有 8 套金具，EB 挂板联塔螺栓轴向与线路垂直。串型基本情况见表 3-1。

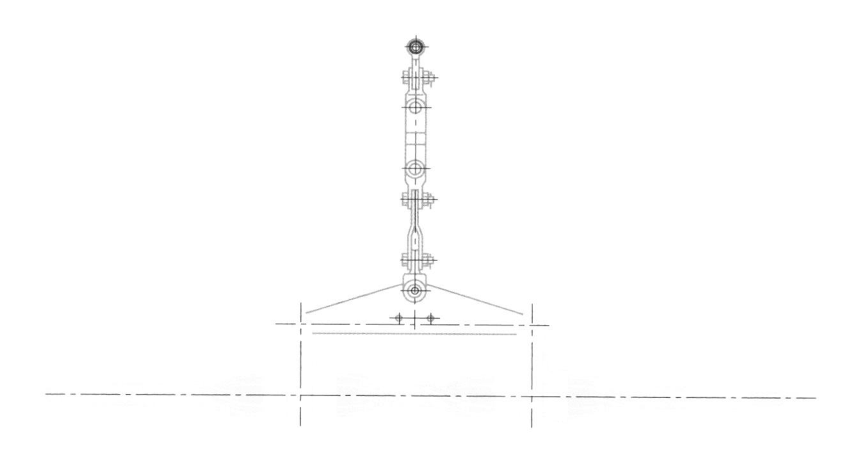

图 3-2　210kN 单联双线夹悬垂金具串示意图

表3-1 地线悬垂串基本情况

串型名称	所属工程	串内金具情况		
		型号	名称	数量
210kN单联双线夹悬垂金具串	某特高压直流工程	EB—21/25—100/80	耳轴挂板	1
		ZBD—21100	直角挂板	2
		Z—21100	直角挂板	1
		L—21—110/737	联板	1
		CLS—21—240BG	预绞式双悬垂线夹	1
		PS—21200	PS挂板	2

受损地线悬垂串的ZBD、PS挂板经该省公司电科院检测，尺寸不符合图纸要求，其中ZBD挂板双板侧凹槽设计为平底槽而实际为圆弧槽，单板侧设计尺寸为45mm而实际为55mm，PS挂板设计厚度为10mm而实际为12mm。

金具厂家自查后发现，因原ZBD挂板加工模具磨损，重新加工模具时尺寸错误，验收未发现并投入了生产；PS挂板发现厚度错误后，重新发到现场更换，由于现场服务人员工作不到位，导致该工程部分PS挂板未更换。

经研究分析，金具厂家供货的ZBD、PS挂板不符合图纸尺寸，致使安装后金具串转动受限，是造成号092塔地线悬垂串发生故障的主要原因。施工现场没有提供有加工尺寸的金具串组装图和加工放样图，监理组织五方开箱检查时无法核对加工尺寸误差，且未第一时间发现ZBD、PS挂板不能灵活拆装。

经设计单位排查，该施工标段有两种地线悬垂串和两种导线跳线串使用了加工尺寸错误的ZBD、PS挂板，共30基直线塔和36基耐张塔涉及缺陷金具串需要更换。经国网物资有限公司、该省电力公司研究决定，组织金具厂家委托施工、监理单位于年度停电检修期间完成缺陷金具更换。

结合此次问题，国家电网公司总部组织相关单位开展了现状及薄弱环节分析。

1. 金具设计方面

（1）目前金具串选型与元件设计主要依据《国家电网公司输变电工程通用设计1000kV输电线路金具分册（2013年版）》《国家电网公司输变电工程通用设计±800kV输电线路金具分册（2013年版）》和《国家电网公司输变电工程通用设计1000kV输电线路金具分册（2020版）》。目前《国家电网公司输变电工程通用设计±800kV输电线路金具分册》的修编工作正在开展中，特高压直流线路工程和特殊区段特殊型式的金具仍需单独提交设计图纸。

（2）由于图纸管理流程和各方责任划分不清晰，导致在图纸交付、变更、反馈等环节容易造成信息传递迟缓，同时因图纸交底不到位、制造单位技术人员流动性大、素质参差不齐等原因，时常造成生产图纸形成过程中关键信息丢失或错误的情况。

2. 生产和监造方面

（1）由于监造单位人员存在流动性过大，新进人员较多，岗前培训不足的原因，导致对监造相关流程认识不清，对金具元件技术要求、产品工艺理解不足。

（2）部分制造厂技术人员和监造人员责任心不强，在图纸核对方面流于形式，不严谨不严肃，导致对金具元件图纸核对不清、生产图纸把关不严等情况发生。

3. 试验和检测方面

金具的试验检测会依据相关标准并根据实际受力情况，开展单个金具的型式试验和抽样试验。型式试验委托时，因为委托方一般不提供包含样品关键尺寸的加工图纸，所以无法对金具尺寸进行有效监督；同时缺少金具串型在实际运行工况和极限工况下的验证校核工作。

4. 包装和运输方面

（1）包装方面，未随箱提供金具安装说明和加工放样图，预绞式金具标识不清晰。

（2）运输环节，钢制类金具表面镀锌层容易磕碰脱落，铝制类金具表面和预绞丝在运输过程中容易损坏变形。

5. 施工方面

（1）施工项目部技术及工艺交底不到位。因施工人员流动性大，素质普遍较差，特别是地面配合人员，部分参与施工的班组人员未经技术交底就参与线路施工，存在凭经验施工的情况，对新的设计图纸特别是特殊塔位图纸理解不足。

（2）部分项目部项目总工和技术员年龄偏小，有的由派遣员工担任，对设计图纸的把握和责任心不强，技术交底深度不足。

（3）目前执行的基建部标准化手册取消了班组级交底，以每日站班会形式代替，但班组技术员平均学历较低，对特高压工程图纸看不懂或理解不足，对施工班组成员的每日技术工艺交底效果欠佳。

6. 监理方面

（1）监理项目部部分现有人员素质较差，人员流动大，现场临时招聘的新员工多。监理公司对驻队监理的培训不足，部分监理项目部不具备对驻队监理培训的能力，导致驻队监理对施工工艺掌握不足，起不到应有的质量监督作用。

（2）监理公司高空人员配备偏少，特别在组塔架线高峰期，施工和验收交叉进行，既要高空压接旁站，又要监理初检，高空安装质量检查流于形式。

7. 工程验收方面

（1）部分施工单位三级验收形同虚设，特别是班组级验收和项目部级复检合并进行，各分包队伍人员交叉互检，责任心和业务水平欠佳。

（2）运行验收全检，但运行单位对部分特殊区段设计不熟悉，验收前设计未履行交底的流程，部分安装问题不易查验。

【指导意见】

1. 设计方面

（1）科研单位、设计单位、监造单位和制造单位应严格遵守金具图纸交付及变更流程，避免图纸交付责任不清等问题，确保图纸转化经过核实确认。

（2）设计单位应与厂家通过设计联络会等形式共同核对设计图纸和加工图中的尺寸、公差、材料、技术要求是否一致，保证生产用图纸正确无误。

（3）设计单位在施工招标和物资招标技术规范书及设计图纸中应强调厂家和施工单位需开展整串试组装工作并提供金具试组装后需达到的设计要求。

2. 生产和监造方面

（1）监造单位驻厂监造人员应认真检查制造厂图纸转化情况，对于首件金具成品应进行全纸尺寸检测，专家巡检时应抽查有关图纸和检测记录。

（2）金具生产前、厂家、监造方应组织内部生产工艺和质量控制措施审查，核查模具尺寸、原材料、加工工艺等是否符合设计要求。模具方面，应根据元件图纸检查关键尺寸对应情况；原材料方面，应对照相关国家标准和行业标准，见证原材料入厂复检过程和复检结果，保证预绞丝用铝包钢丝、铝合金丝，悬垂本体套壳用铝材，抱箍用钢材以及螺栓紧固件的各项指标符合设计要求；加工工艺方面，应对照技术规范，核查金具厂家生产工艺文件，见证工艺执行过程，保证材料及工艺符合规范要求。

（3）驻厂监造人员抽样检查应覆盖每批次产品，检查项目包括外观尺寸、热镀锌层质量、线夹破坏载荷试验等；同时应进行金具串整串试组装，检查项目包括：产品符合图纸及工程技术要求，满足装配间隙、转动关节灵活、不缺件等要求；对不同型号预绞式金具，出厂前需完成组装验证，明确安装后直径、长度等要求。

（4）加强产品出厂前检查，监造人员应核查型式试验报告是否齐全，尤其应核查光缆金具型式试验报告完整性；检查出厂合格证明文件，核对和清点待发产品数量，最后开具出厂见证单。

3. 试验和检测方面

（1）厂家委托型式试验时，应附样品的加工图纸，型式试验报告中尺寸检测需包含图纸上标注的所有关键尺寸。

（2）建议加大各类金具抽样试验比例，对于生产批次达到两次及以上的产品，需至少进行两次第三方抽检，第一次在首批（须大于总合同量的 15%）中抽样送检；第二次在后续批次中任选一批抽样送检。

（3）根据现有试验条件，逐步开展特高压线路工程地线悬垂串、地线耐张串、导线悬垂串、导线耐张串真型试验。

4. 包装和运输方面

（1）每个包装箱外清晰注明产品名称、型号、数量，并附有装箱单和安装说明书，包装箱外部还应有防颠倒、防雨标识。

（2）每组预绞丝均绑定后打包并附有标签，注明型号，防止混用；预绞丝之间摆放整齐，不留间隙，用专用木箱包装，防止变形。

（3）钢制件和铝制件应区分，并采用硬质材料包装；封箱外需用箱钉钢带紧固，保证足够的强度，能在短途搬运货场储存和装车中承受正常搬卸冲击，防止包装损坏。

（4）包装箱内应有适当的衬垫、保护性的填充物、垫板或隔片，防止运输、装卸过程中碰撞，破坏镀层。

（5）金具运输过程中，应与运输方签订保证协议，强调需负责运到指定目的地，并保证在运输及装卸中不损坏产品。

5. 施工方面

（1）施工项目部应强化施工人员岗前培训，增强责任心，完善工艺交底流程，提高技术交底深度。

（2）金具材料到货后，施工项目部按照物资合同约定进行收货，及时申请开箱验收；对金具结构及规格应认真检查，判定是否与设计相符；通过外观检查、主要尺寸测量、试组等方式检查金具是否符合设计及规范要求；审查供货商提供的出厂见证单和质量证明文件，对物资供货合同与技术规范书要求的线夹握力试验等试验项目，全过程跟踪见证取样送检流程，并严格审查试验报告，确保满足要求；发现问题及时协调物资、厂家、设计给出解决方案；所有检查应留有影像视频资料；完成开箱验收后，对合格到货物资登记入库，在材料站做好分类保管，特殊物资需要做好防雨、防晒、防压措施。

（3）施工方材料收发记录应登记领用人、使用人，将责任传递到施工一线人员，加强管控，避免现场出现错装、野蛮装配等低级错误。

（4）应严格核对设计图纸，确认安装的产品正确无误；严格落实金具安装施工工艺管控要求，杜绝出现未按图纸施工、转动不灵活、螺栓紧固不到位、垫片缺失、开口销和闭口销安装错误、预绞丝二次安装等问题，确保工程安装质量符合要求。

（5）施工安装过程应留有影像资料，施工单位应留有安装人、验收人手签的原始施工资料。

6. 监理方面

（1）监理项目部应强化监理人员岗前培训，增强责任心，提高专业素养。

（2）现场监理应利用旁站、巡视和平行检验等方式，在地线放线、紧线和附件安装施工过程中做好监理质量监督。尤其是连接金具安装，发现质量问题应及时提出并督促整改闭环，确保施工过程满足规范要求。

（3）组织高空监理，按要求对各放线区段开展逐基逐档监理初检。按照验收规范及设计要求，加强对金具串组装施工质量的验收，尤其对关键、重要项目开展实测实量，对发现的问题和缺陷提出整改意见，并督促施工方整改闭环，及时复查，确保零缺陷移交。

（4）监理过程应留有影像资料，并保留相关原始监理资料。

7. 工程验收方面

（1）加强施工项目部的三级验收检查，工程阶段验收应编制专项方案并报业主审批，明确相关人员职责。

（2）运行交接验收前增加设计交底，明确特殊区段设计要求及施工工艺。

案例15 光缆脱落及受损案例

【案例描述】

2022年2月某特高压直流工程发现OPGW通信出现故障，随后该省公司运检单位反馈1862号塔极Ⅰ小号侧OPGW光缆预绞丝耐张线夹出现失效掉串故障。1862号塔小号侧OPGW光缆从预绞丝中滑脱，挂在地线支架主材与斜材连接处，光缆与塔材连接处光缆受损，光缆有2芯通信出现故障。1862号大号侧及1861号塔大号侧无异常，未发生线路跳闸。

1862号塔小号侧光缆耐张线夹原设计为单线夹预绞式。单绞式的圆线股同心分层绞制而成，最外层绞向为右向。为紧固缠绕地线（光缆），同时为防止地线（光缆）受拉后产生松绞的旋转，与光缆配合的相邻层预绞丝扭绞方向应相反。因此单线夹预绞式耐张线夹预绞丝内层为左向，外层为右向。双线夹预绞式耐张线夹护线条为左向，内层丝为右向，外层丝为左向。在受到偏心覆冰工况下，由于多层预绞丝间相反的绞向，因此可以抵消由此产生的转矩，并保持握力，较单预绞式耐张线夹有较明显优势。因此，决定对本次故障的1862号塔小号侧光缆耐张线夹更换为双线夹预绞式耐张线夹。双预绞式耐张串形式如图3-3所示。

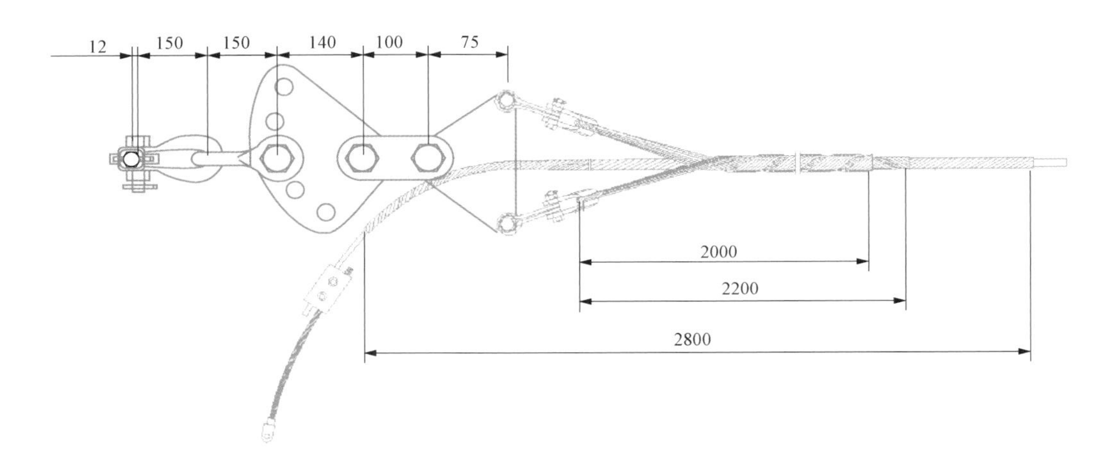

图3-3 双预绞式耐张串形式

【案例分析】

1. 原设计情况

该工程1862号塔型呼称高为JC27302A—48，水平档距440m，垂直档距188m。小号侧基本设计参数：设计风速为27m/s，设计覆冰为20mm；代表档距564m，小号侧档距564m，小号侧垂直档距158m；大号侧基本设计参数：设计风速为27m/s，设计覆冰为30mm；代表档距315m，大号侧档距307m，大号侧垂直档距30m。左侧（极Ⅰ）地线为OPGW—150，安全系数K=3.43，右侧（极Ⅱ）地线为JLB20A—150，安全系数K=3.6。某工程1862号所处地形地貌如图3-4所示。

该工程地线和OPGW金具串均采用预绞式线夹，具体耐张串配置见表3-2。

图 3-4 某工程 1862 号所处地形地貌

表 3-2 **1862 号塔地线及 OPGW 光缆金具配置表**

型号	地线	OPGW
	JLB20A—150	OPGW—150
耐张串型号	BN1—BG—21	OBN1—BG—21
耐张串型式	单层预绞丝	双层预绞丝
防振措施	无	FL—16 防振鞭×4

地线、光缆耐张串组装型式分别如图 3-5 和图 3-6 所示。

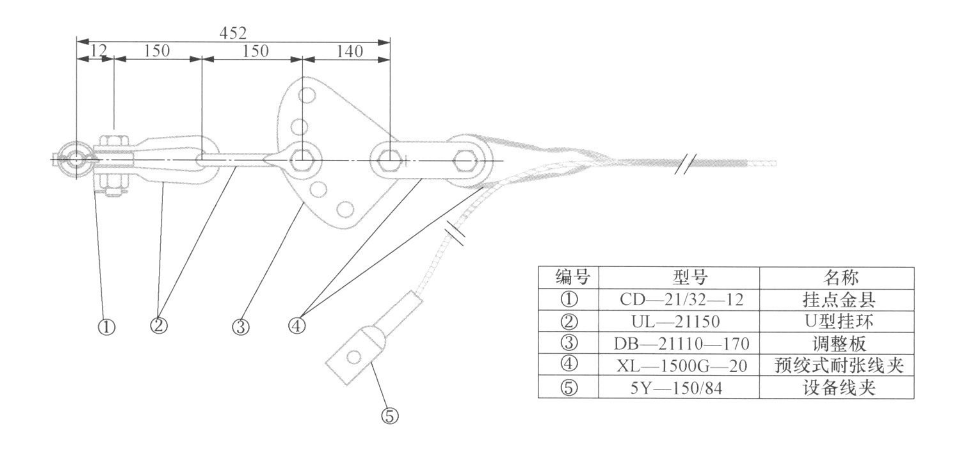

图 3-5 地线耐张串组装型式（型号：BN1—BG—21）

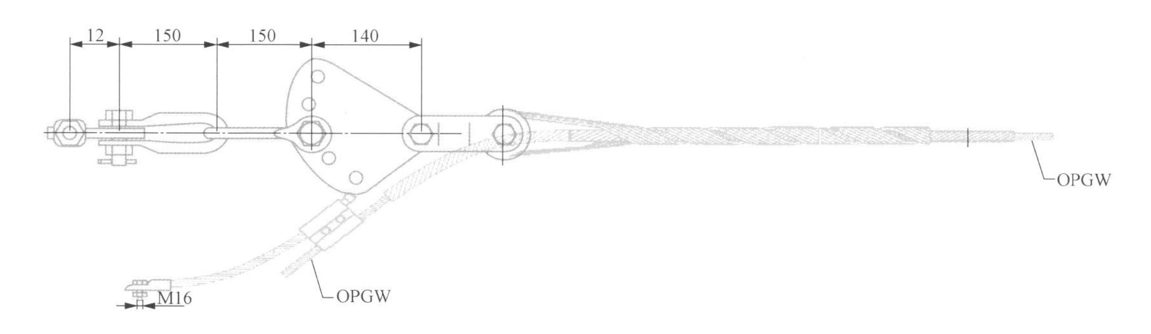

图 3-6 光缆耐张串组装型式（型号：OBN1—BG—21）

2. 故障分析

（1）受力计算分析。

根据特性计算，OPGW—150光缆在设计的各种运行工况中，覆冰工况时的张力最大。当本档覆冰厚度为设计最大值20mm时，弧垂最低点的光缆张力为50 787N，达到拉断力的29.15%。

当覆冰厚度大于等于20mm时，1861号及1862号塔OPGW光缆悬挂点张力测算见表3-3。

表3-3 OPGW光缆悬挂点张力测算表

冰厚（mm）	1861号塔大号侧挂点		1862号塔小号侧	
	张力（N）	张力/拉断力（%）	张力（N）	张力/拉断力（%）
20	51 885	29.78	51 294	29.45
25	63 376	36.38	62 624	35.95
30	75 893	43.57	74 955	43.03
35	89 329	51.28	88 181	50.62
40	103 599	59.47	102 215	58.68
45	118 631	68.10	116 987	67.16

1）经测算，若现场地线覆冰达到45mm，1861、1862号两塔同一档内的悬挂点张力均未超过OPGW光缆拉断力的70%，不足以造成线夹滑移，且经现场覆冰调查，故障时现场覆冰未到达45mm。

2）1861号塔比1862号塔光缆挂点高，在同一档内的两个挂点金具串形式相同，且1861号塔大号侧光缆挂点张力比1862号塔小号侧光缆挂点张力大，若线夹出现滑移，理论上1861号塔大号侧应先出现滑移。

结合现场覆冰调查、1861号塔和1862号塔地线（含OPGW光缆）悬挂点张力分析，覆冰不是造成OPGW光缆预绞丝线夹滑移的原因。初步判定OPGW耐张线夹握力不足是造成本次故障的主要原因。

（2）实物测量。

经该省公司电科院对故障预绞丝线夹实物测量内层绞丝线径为3.55mm（如图3-7所示），外层绞丝线径为5.20mm（如图3-8所示）。内层绞丝线径与设计值3.0mm不符。

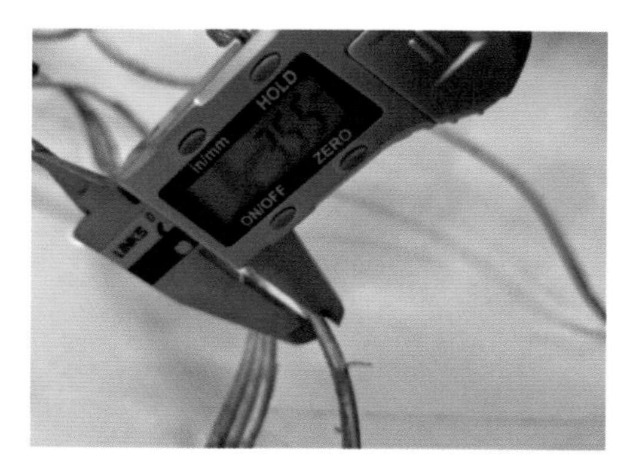

图3-7 内层预绞丝线径测量

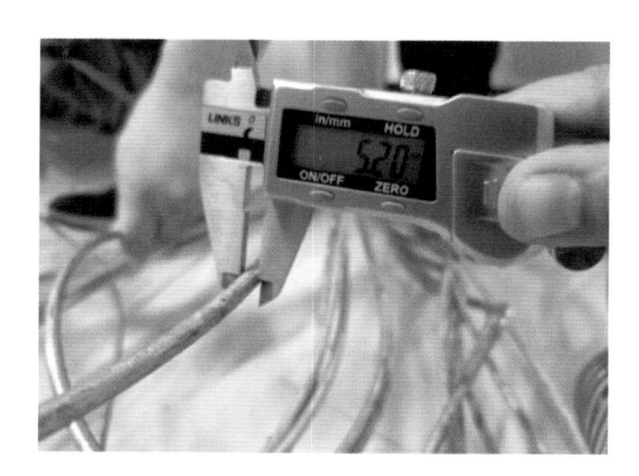

图3-8 外层预绞丝线径测量

OBN1—BG—21 预绞丝金具设计内层预绞丝直线长度 2300mm，外层预绞丝直线段长度1750×2=3500mm。从预绞丝长度上测，失效样品外层绞线长度基本与设计一致，而内绞层长度与设计不一致，内层预绞丝从长度推断失效样接近直线长度为 2700mm 的 OPWG—240 配套内层预绞丝。

3. 原因说明

（1）直接原因。

根据故障预绞丝外观、尺寸测量结果，现场 1862 号塔小号侧实际安装的内层预绞丝为 16 股、单股直径 3.5mm、长度 2700mm，与设计的 17 股、单股直径 3.0mm、长度 2300mm 的预绞丝不符，导致内层绞丝与 OPGW—150 间握着力不足，模拟实验证明其在 30kN 的运行应力条件下即会滑移。该预绞式耐张线夹在运动荷载作用下，其间冻融循环，持续产生内层绞与 OPGW 的相对滑动，导致预绞式耐张线夹散股失效掉落。

（2）间接原因。

施工作业人员质量意识不强，安装操作人员在发现取错 OPGW—240 内层预绞丝后未向班组长、施工项目部反馈，便直接安装在 OPGW—150 上；工作负责人、项目部现场监管人员对现场管控力度不强、监督指导不力、检查不到位，未仔细核对光缆预绞丝型号，未登塔监控安装；施工单位三级自检不到位，未对安装后的光缆预绞丝进行实测实量，未能发现内层预绞丝安装型号错误；施工项目部技术交底不到位，未针对现场冰区分界塔防金具材料混用制定专项管控措施。

【指导意见】

（1）针对光缆或地线预绞式耐张线夹松脱问题，建议地线耐张线夹采用液压型或双预绞式，光缆采用双预绞式耐张线夹。

（2）进一步提升地线金具抗覆冰过载能力。总结地线金具设计运行成功经验，对现有地线金具进行改进提升，并将光缆金具纳入公司通用设计；对不同设计工况的地线金具开展差异化选型和设计，大高差、大档距地段采用安全裕度更高的材料、工艺、结构型式，如采用双层预绞丝耐张、悬垂耐张串、锻造铝合金套壳，提高抗变形、抗冲击能力，消除覆冰过载和脱冰冲击带来的安全隐患。

（3）拓展预绞式金具试验方案，模拟实际使用条件，全面评估预绞式金具的现场服役性能。

（4）加强现场物资验收和记录管理，对预绞式线夹等关键材料验收过程建议增加第三方拉力试验检测。进一步细化预绞式线夹金具等关键材料保管、运输、安装等环节管理要求，完善预绞式金具安装施工记录和数码照片资料归档要求，通过增加线夹安装后端部刷色漆等方式，完善预绞丝金具安装后的质量检查和追溯措施。

案例 16　引流线子导线断裂案例

【案例描述】

某特高压交流工程线路全长 236km，一般段线路导线及单回路引流线采用 8×JL1/G1A—630/45 型钢芯铝绞线，站进线档及双回路引流线采用 8×JLK/G1A—725（900）/40 钢芯扩径铝绞线，工程于2017年投运。该省电力公司运检单位于2022年6月巡视时发现，该工程009号塔中相（B相）导线小号侧引流线5根子导线断线，并于第二天完成危急缺陷处理，线路恢复送电。某特高压交流工程009号塔位示意图如图3-9所示，引流线5根子导线断线情况如图3-10所示。

图3-9 某特高压交流工程009号塔位示意图

图3-10 引流线5根子导线断线情况

该省电力公司针对此次事件制定了特高压工程隐患排查和治理。通过无人机可见光巡视方式对该项特高压工程全部耐张塔引流线进行检查，未发现断裂、散股现场。同时对该省内其余特高压交流线路双回耐张塔跳线引流线夹采用无人机可见光和红外测温两种方式开展专项排查。

该省运检单位在009号塔安装在线监测装置，观测引流线日常运行状态，并计划利用该项特高压工程停电检修期间，完成全部线路耐张线夹X光探伤和该事件标段内耐张塔引流线更换工作，同时开展剩余区段耐张塔引流线登塔抽查。

该省电力公司组织开展同类型压接管导线微裂纹发展情况研究，结合停电检修，抽检部分疏绞型扩径导线压接管，对导线微裂纹形貌进行专项检查，并制定导线运维检修方案，对可能造成断线缺陷的压接管及时更换，确保线路稳定运行。

【案例分析】

该省电力公司组织相关单位对该工程009号塔B相子导线压接及断口特征进行试验，主要选取其中两根断裂样品和一根未完全断裂样品进行径向、轴向剖检试验等。

径向剖检显示原导线总数为58根，缺失14根，压接施工时至少应插入10根铝线，实际插入5根，缺失率为50%。轴向剖检显示压接管长度约20cm，导线插入长度约18cm、深度缺少2cm，插条长度约15cm、深度缺少5cm。X射线试验显示压接样品内部空隙较多，导线未完全压实。同时采用光学成像系统对解剖后的导线铝单丝和钢芯进行断口形貌特征观察，可以判断导线断口单丝长度差别较大，沿压接管上缘，单丝断口与压接管基本持平。沿钢芯处的内层单丝，断口向外突出超出钢芯，并出现明显翘曲变形。沿压接管下缘，单丝断口较深。铝单丝断口形式分为两类，其中8根单丝呈现明显颈缩现象，劲缩单丝均分布在压接管下缘。其余50根单丝和7根钢芯均无颈缩现象。

综上所述，初步判断导线在断裂前，由于压接管压接工艺不良，内部应力不均匀且存在明显空隙，沿压接管上缘出现单丝反复振动磨损和疲劳损伤，导致部分单丝脆性断裂。钢芯因过载和疲劳损伤出现多处微裂纹，并逐渐发展导致脆性断裂，出现单丝翘曲变形，子导线无法承受拉力发生整体断裂。

该塔位处于山区隘口，风速相对较高，当压接管内空隙较大时，单丝反复振动导致疲劳损伤，单丝表面出现微裂纹，当出现强对流天气时，在瞬时极大风力作用下，微裂纹发展造成部分单丝和钢芯脆性断裂。

【指导意见】

结合“两大两微”（微地形、微气象，大高差、大档距）特点开展差异化设计，优化塔位选址及路径，尽量避让微地形、微气象和大高差、大档距。适当缩小微地形、微气象区段的耐张段长度和档距。对位于微地形、微气象区段大高差、大档距的杆塔，参照针对在运工程的原则，优化耐张塔引流线设计，同时加强压接施工过程质量管理，必要时开展 X 光探伤，促进提升隐蔽工程施工质量。

第四章　接地工程类典型案例

本章主要针对特高压线路工程接地分部工程应用石墨接地方面存在的施工及质量问题进行梳理、分析，总结形成接地工程类典型案例共1项。

案例17　石墨接地装置引下线及连接板锈蚀案例

【案例描述】

某特高压直流线路工程发现采用柔性石墨接地装置的塔位，均存在不同程度的引下线锈蚀、连接板锈蚀、镀锌层脱落、楔形套管石墨绳漏出过长等问题。石墨复合引下线镀锌圆钢入地锈蚀如图4-1所示，石墨接地连接板出现锈蚀如图4-2所示，石墨接地引下线石墨绳漏出过长如图4-3所示。

图4-1　石墨复合引下线镀锌圆钢入地锈蚀

图4-2　石墨接地连接板出现锈蚀

图4-3　石墨接地引下线石墨绳漏出过长

【案例分析】

不同材质的金属或金属与导电非金属在同一种介质中接触，由于腐蚀电位的不同，产生偶动电流流动，使电位较低（活泼）的金属被氧化造成接触点的局部腐蚀。经分析，石墨接地装置发生腐蚀问题，主要原因如下。

1. 供货产品防腐性能不达标

（1）镀锌层不均匀。整个镀层的抗腐蚀性能主要取决于镀层的最薄弱部分，锌层过厚的地方容易出现粗糙、结瘤、脱落等问题，锌层过薄的地方钝化过程中容易露底。镀锌层的不均匀导致薄处镀层孔隙率高，容易出现点状锈蚀，进而形成连片锈蚀，镀锌层不均匀，点状锈蚀和连片锈蚀如图 4-4 所示。

图 4-4　镀锌层不均匀，点状锈蚀和连片锈蚀

（2）未采用热镀锌工艺。热镀锌作为金属防腐方式，通常是将要进行防锈处理的钢结构放入 500℃左右的锌液中，让锌层在钢结构表面附着。冷镀锌则通过电解作用让金属等材料表面附着一层金属膜，使得材料表层质地均匀、防腐耐磨、外观更为美观。热镀锌的镀层较厚，一般为 30～60μm，镀层防腐能力较强。冷镀锌工件表面光滑平整，但是因为镀层比较薄，一般在 5～30μm，所以防腐蚀的时间会比较短。热镀锌通过锌抗大气腐蚀的原理，来对钢铁等材料进行电化学保护，表面的碳酸锌保护膜可以减缓锌腐蚀的速度，即使被破坏，也会再形成新的膜层。冷镀锌是使用化学的方式，将锌合金分离成锌离子，附着在钢铁表面，这种方式形成的锌层一般较薄，钢铁在一般情况下，容易产生锈蚀。热镀锌工艺通常伴随着较高的污染，受环保政策及市场价格影响，镀锌圆钢等小型镀锌件采用了冷镀锌工艺，防腐效果降低。

图 4-5　镀锌层脱落及圆钢生锈实物图

（3）镀锌工艺不达标。钢材在热镀锌酸洗除锈过程中酸洗不达标，造成锌附着力不强，引下线镀锌层在运输及施工过程中容易被破坏和磨损，从而造成腐蚀。经现场调研，个别标段现场采用的镀锌金属引下线用指甲即可将镀锌层剥离，并发现内部已经锈蚀，镀锌层脱落及圆钢生锈实物图如图 4-5 所示。

（4）阴极保护未做好。如未做阴极保护（未缠绕锌皮）或锌皮缠绕厚度不够等。

2. 未做好施工防腐措施

（1）未涂沥青进行二次防腐。设计图纸要求所有焊接点及周围被氧化部位应涂刷锌黄底漆和沥青漆进行防腐处理，开挖后未见有涂刷锌黄底漆或沥青漆进行防腐处理的痕迹，螺栓未采用涂沥青漆进行防腐处理如图 4-6 所示。

图 4-6　螺栓未采用涂沥青漆进行防腐处理

（2）热镀锌连接板和石墨基接地体（含锌皮）未整套采购。设计图纸要求供货时热镀锌连接板和石墨基接地体应已连接完成，整套提供。经设计了解，石墨接地装置采用的热镀锌连接板

和石墨基接地体（含锌皮）大多从不同厂家分别采购，现场加工制作而成。由于制作水平的差异导致热镀锌连接板和石墨基接地体（含锌皮）的整体防腐性能差异较大。

3. 未腐蚀塔位情况说明

该工程部分标段石墨接地装置开挖后，接地引下线未发生锈蚀情况。经调查，该标段现场实际采用了耐腐蚀性能好的镀锡铜覆钢连接板、镀锡铜覆钢引下线和热镀锌质量好的楔形套管式接地引下线，避免了螺栓连接（螺栓连接易锈蚀）。

【指导意见】

采用柔性石墨接地装置，其引下线主要有金属引下线和石墨引下线两种型式。金属引下线需解决好金属材料与石墨连接时的电化学腐蚀问题；石墨引下线方式需解决好石墨流失和抗外力破坏的问题。针对上述两种引下线方式，提出以下两种改进方案。

1. 金属引下线与石墨水平接地体连接

采用金属引下线，其材质可分为热镀锌圆钢、镀锡铜覆钢和不锈钢。镀锡铜覆钢镀层较薄，在运输、施工过程中镀层容易损伤，且该材料价格较贵。不锈钢的电阻率较大，影响降阻效果。因此，金属引下线建议采用热镀锌圆钢。

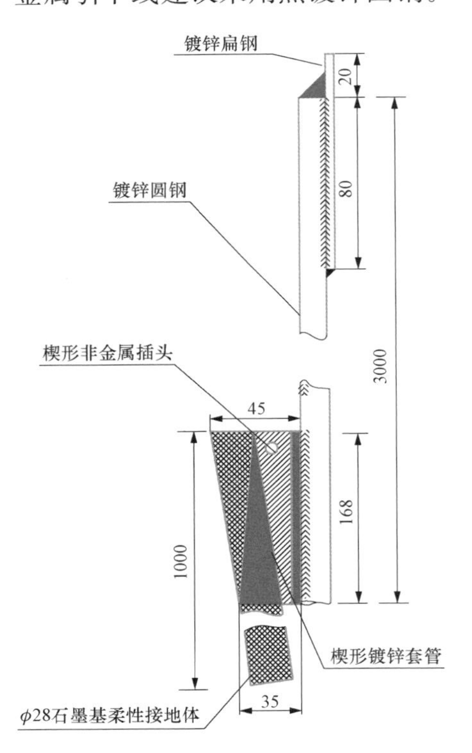

图 4-7 柔性石墨接地装置金属引下线楔形压接方案

金属引下线和石墨连接又可分为螺栓压接和楔形压接。具体方案如下。

（1）金属引下线楔形压接。

柔性石墨接地装置金属引下线楔形压接方案如图 4-7 所示。该方案引下线部分由扁钢、ϕ12 镀锌圆钢、楔形套管与 ϕ28 柔性石墨组成。扁钢与 ϕ12 镀锌圆钢、ϕ12 圆钢与楔形套管采用焊接方式连接，焊接、除渣、酸洗后再热镀锌。每根引下线附带 1m 石墨接地体，引下线与铁塔连接的螺栓采用热镀锌件。

供货时，热镀锌扁钢、镀锌圆钢、热镀锌楔形套管与石墨基柔性接地体应已连接完成，并按要求加装热缩管和涂沥青进行二次防腐处理，整套提供。金属接地引下线楔形套管外加热缩管二次防腐如图 4-8 所示。

（2）金属引下线螺栓压接。

柔性石墨接地装置金属引下线螺栓压接方案如图 4-9 所示，扁钢连接板的一端是与 ϕ12 圆钢引下线采取焊接的连接方式，另一端是与 ϕ28 柔性石墨采用压接的连接方式。焊接后，扁钢连接板与 ϕ12 圆钢引下线应首先除渣，然后进行热镀锌。供货时镀锌扁钢连接板与 ϕ28 柔性石墨应已压接完成，压接时石墨应缠绕不少于 2 层的 0.1mm 锌皮。该组合接地引下线镀锌扁钢连接板（包含螺栓、焊接点部位）以及与其连接的 ϕ12 镀锌圆钢（埋地部分）外侧均应涂沥青进行防腐，由石墨接地装置厂家整套提供。

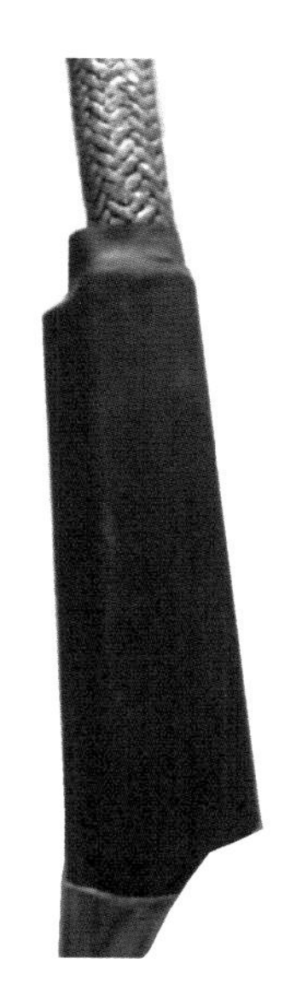

图 4-8 金属接地引下线楔形套管外加热缩管二次防腐

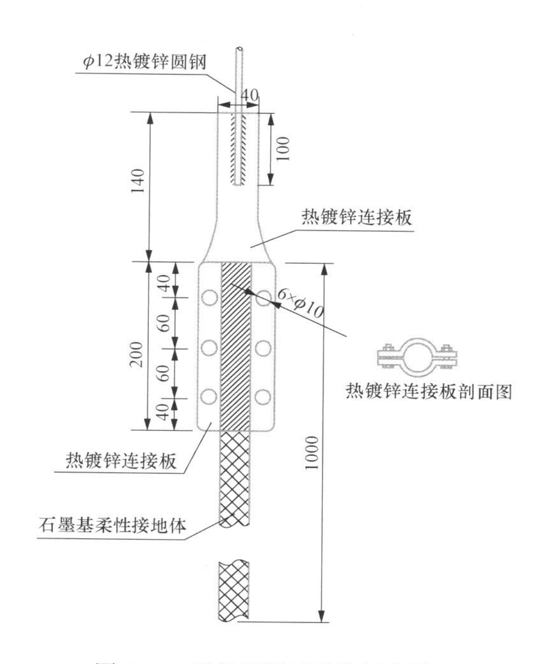

图 4-9 柔性石墨接地装置金属引下线螺栓压接方案

注：热镀锌连接板弧形槽应与石墨外径匹配，同时尽量减少板间间隙。

2. 石墨引下线与石墨水平接地体连接

接地引下线采用石墨材质，引下线外采用 304 不锈钢丝网套防护，机械强度高，防外破能力强，且具有定型功能。使石墨接地引下线能紧贴在塔基上，但石墨接地引下线内不填充镀锌钢或圆钢等金属材料。与铁塔相连的引下线连板采用 304 不锈钢材质，与石墨接地体之间的连接采用压接，一次成型。

石墨基柔性接地体由单根石墨线编织而成，当作为接地引下装置时，为预防外力破坏，在外层编织不锈钢丝作为铠甲，增强其机械性能。采用石墨引下线铠装，其石墨引下线又可分为圆形石墨绳和方形石墨带，ϕ28 石墨铠装引下线示意图如图 4-10 所示，圆形石墨绳铠装引下线安装实物图如图 4-11 所示，方形石墨带铠装引下线安装实物图如图 4-12 所示。

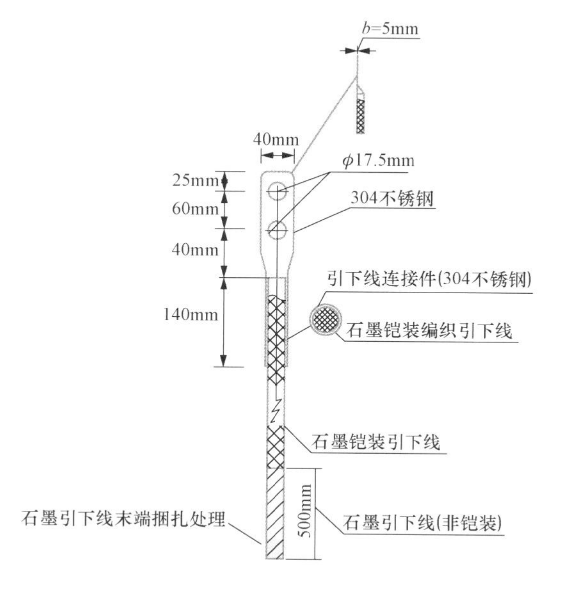

图 4-10 ϕ28 石墨铠装引下线示意图

3. 综合方案

金属引下线中的楔形压接方案，无须螺栓紧固，整体表面较平滑，涂沥青防腐效果较好，同时外侧加装热缩管进行再次隔离，可有效解决电化学腐蚀问题，腐蚀周期可达 30 年以上，具有全寿命周期价格低、整体性好、安装方便、耐腐蚀性强等特点。

图4-11 圆形石墨绳铠装引下线安装实物图

图4-12 方形石墨带铠装引下线安装实物图

金属引下线中的螺栓压接方案连接板因采用螺栓紧固，紧固时容易造成镀锌层受损，同时其表面不够平滑，涂沥青防腐效果一般，腐蚀周期约15年。

石墨引下线中的方形石墨带结构，避免了不同材料之间的电化学腐蚀，具有较好的防腐性能；但防外力破坏能力一般，采用不锈钢增强机械性能，其接地电阻增大，影响降阻效果，且该方案费用最高。

综合考虑降阻效果、防腐性能及经济性，柔性石墨接地装置建议采用热镀锌圆钢引下线与圆形柔性石墨绳楔形压接方案，并采用锌皮阴极保护和涂沥青二次防腐。

第五章　工程设计类典型案例

本章主要针对特高压线路工程初步设计阶段对工程路径、线路复测、电气、结构及环保水保设计等方面问题进行梳理、分析，总结形成工程设计类典型案例共5项。

案例18　工程路径与通道设计案例

【案例描述】

在工程设计以及工程建设阶段，在路径与通道方面设计单位容易发生收集资料不细致、协议遗漏、预留通道、同走廊布置、规划调整、路径优化不细致等问题，典型案例如下。

1. 与西气东送管线路径冲突案例描述

溪洛渡左岸—浙江金华±800kV特高压直流输电线路工程所经余江境内有在建西气东输管线，设计单位收集资料时未掌握相关信息，待开工后发现线路距离已建设完成的两个分输站分别为50m和0m，不满足规程距离要求，需调整特高压线路路径进行避让。

2. 黔北机场（规划）段线路建成投运后改迁案例描述

溪洛渡左岸—浙江金华±800kV特高压直流输电线路工程在2012年完成施工图设计，德江县并未进行黔北机场选址工作，各职能部门均书面同意路径走向，2012年8月～2014年6月的建设阶段，德江县规划、国土等部门均同意线路进行建设，其中经历了规划报批、塔基征地等系列手续，直至线路2014年7月建成投运。

由于线路建设在前且协议齐备，机场规划在后，黔江机场段线路平面示意图如图5-1所示，为满足规划的黔北机场露青场址的净空与电磁环境要求，德江县政府联系国网湖南省电力公司，要求局部改迁宾金线，改迁长度约13.2km，由地方政府承担全部迁改费用，约1.47亿元。

3. 河西走廊、京津冀地区拥挤段多回线路同走廊布置案例描述

河西走廊通道紧张，哈郑、酒湖、准东3条特高压线路在该段共走廊。哈郑线距北侧营双高速约110m，距南侧56旅坦克部队军事区范围边界大约为165m，该区域地质条件恶劣，哈郑线局部塔位距离冲沟距离仅约45m，酒湖线必须采用F塔方能通过，准东线路路径选择困难。

京津冀地区一体化发展是国家战略层面的要求，作为中国经济较为发达的地区，该区域内规划多、障碍物多且赔偿协调困难，但特高压工程对输电线路走廊宽度要求较高，且受各落地站点位置影响，因此对拥挤地段的多回路路径统一综合规划的要求非常高，在京津冀地区的蓟州区、

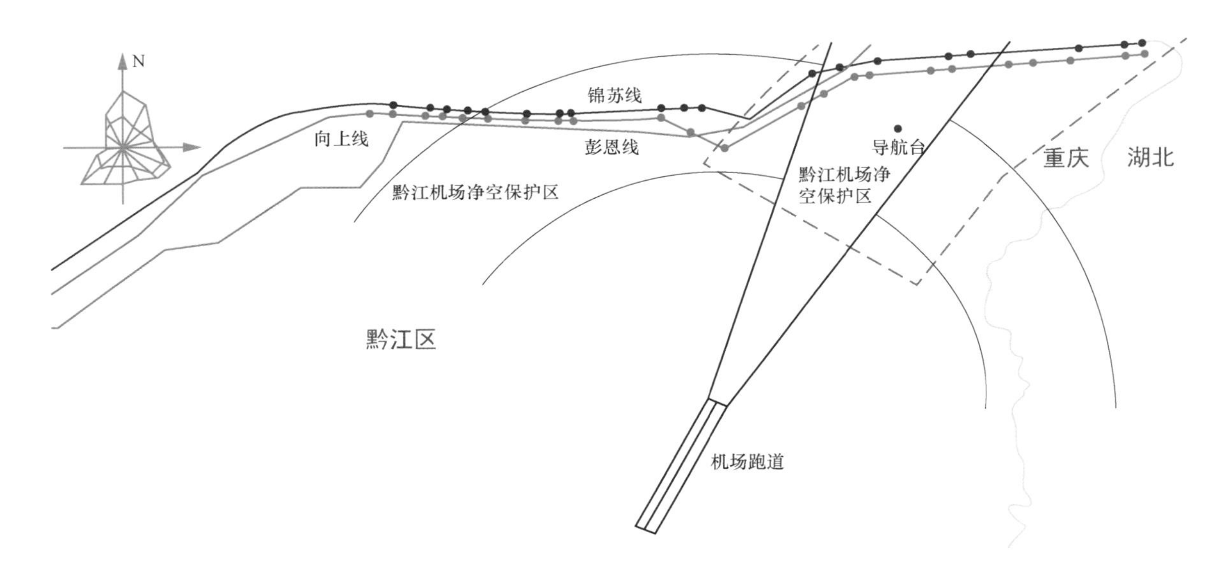

图5-1　黔江机场段线路平面示意图

香河、武清、霸州、静海等地，前后有锡盟—山东、锡盟—泰州、扎鲁特—青州、蒙西—天津南等多回交直流特高压输电线路在同一通道内通过。

【案例分析】

1. 与西气东送管线路径冲突案例分析

该案例是典型的设计单位前期收集资料不细导致的。作为重要的大型工程，西气东输管线及其附属设施均有严格的规划设计及工程备案等手续。各设计院在不同的设计阶段可能负责不同设计标段，各设计院在设计阶段深入时资料交接不够细致完整，导致后续设计院未能重视相关信息。且后续设计院未认真梳理前序设计院的资料，且在各自负责阶段工作细致度不足，因此极易造成各阶段设计资料收集有漏项、路径协议不完善等情况的出现，最终导致工程在施工阶段或建成后改线的案例出现。

2. 黔北机场（规划）段线路建成投运后改迁案例分析

该案例是比较典型的受地方规划影响造成的路径改迁的案例，在此案例中由于线路设计单位较好且细致地完成了线路路径收集资料及路径协议的办理。从而有效地保护了我方的现实权益，得到了政府赔偿。由此案例可知，由于各级政府对规划管理的不统一，极易造成在收集资料和路径协议办理时的难度，因此在路径协议办理时应规范合法。本案例的教训是，大型重点工程的规划设计非一蹴而就的，在设计院收集资料时不应放过每一个可能对工程影响的蛛丝马迹。

3. 河西走廊、京津冀地区拥挤段多回线路同走廊布置案例分析

由于前期规划时，统筹考虑不周、路径协议办理不完善，导致施工受阻的事时有发生，对工程质量及进度带来了无法回避的问题。随着国家经济的发展，各种设施数量的增加，特高压工程路径选择的困难度将进一步提高，因此应将线路走廊作为有限的资源对待，应目光长远，统筹规划，特别是作为各大能源基地和负荷中心的连接线，所经的可预见的通道拥挤地区，需做好长远的综合各电压等级的路径走廊规划，有必要的地区应和地方政府共同规划并预留各电压等级输电

线路综合走廊的前期规划协议，做好输电线路走廊资源的保护工作。

【指导意见】

通过对相关出现的问题案例分析，设计院在路径与通道方面应注意以下几点。

（1）应加大收集资料力度，确保路径方案可行、可靠，详细收集资料、核对沿线敏感点、障碍物情况，路径协议要完整齐全，确保工程建设合法合规，避免出现颠覆性问题。

（2）对于风景区、保护区、矿区、跨越河流等敏感区域，应认真收集资料核对，提出需开展专项评估的工作建议，要确保实施路径依法合规并与环评、压矿等批复的路径完全一致。认真核实路径协议中的相关要求，抓紧落实和闭环，避免相关部门在施工期间提出异议，造成被动局面。线路路径在终勘定位后，应将线路路径方案报送至地方政府、规划部门及其他相关协议单位取得对方回复或备案。落实铁路、高速公路跨越协议，确保跨越方案不出现颠覆性意见。

（3）向电力规划部门收集资料并取得协议，统筹考虑预留钻（跨）越位置，避免停电改造和增加不必要的投资。跨越500kV及以上电压等级线路时，宜采用独立耐张段，尽量缩短被跨线路停电时间，确保电网安全运行。

（4）在走廊拥挤地段，线路路径应全面统筹布置，采用F塔或酒杯塔等优化布置方式，节约线路走廊，充分考虑后续特高压工程的可实施性，确保已投运线路的安全运行。在确保安全可靠及经济合理的前提下，应尽量避免出现大档距和复杂交叉跨越，减少施工难度，提高线路安全可靠度。当与其他±800、1000kV特高压工程并行时，应注意路径的统筹规划，尽量避免出现大面积拆迁，确保现场施工顺利开展。

（5）严格执行工程统一制定的房屋拆迁原则，图纸中应该明确标识强拆范围，并综合考虑“拆辅拆主”“拆主迁辅”的原则执行，对山区、城镇附近等对房屋拆迁后宅基地选择困难的区段，应适当考虑宅基地再获得时需要的相关手续及费用的完善，并认真核对房屋信息，保证其完整正确。严格执行工程制定的林木跨越原则，图纸中应明确林木分布范围，树高、树种、密度等信息应标示完整清楚。

案例19 工程电气设计案例

【案例描述】

在工程设计以及工程建设阶段，在电气设计方面设计单位应在冰、风、污秽基础数据、黄土高原大档距排位、跨越高压输电线路塔位、交叉跨越、进站接口配合等方面不断优化，典型案例如下。

1. 大跨越悬垂绝缘子串优化案例描述

哈密南—郑州±800kV特高压直流工程黄河大跨越悬垂绝缘子串采用6联420kN盘型绝缘子串，由于风激振荡及尾流振动导致绝缘子串出现摆动现象。在不改变串间距的情况下通过在两串绝缘子之间安装支撑金具，通过串间连接实现缩短串长、降低振荡破坏的目的。

2. OPGW与地线支架碰撞案例描述

酒湖线架线完成后发现个别直线转角塔OPGW与地线支架有碰撞现象。随后通过更改OPGW悬垂金具串组装形式，缩短了金具的连接长度，才满足了工程要求。地线横担偏短问题如图5-2所示。

图5-2 地线横担偏短问题

【案例分析】

1. 大跨越悬垂绝缘子串优化分析

由于该工程的大跨越绝缘子串跨越档距大、地形平坦，导致绝缘子串易后风激振荡及尾流振动导致绝缘子串出现摆动现象。未减少悬垂绝缘子串因上述原因造成运行期间的影响，优化金具型式，使之更加简单、尽可能减少联数，预防绝缘子串摆动问题的发生是本次优化的重点工作内容。通过对8分裂1250导线对应的大跨越开展绝缘子串结构的合理设计及改进，有效地改善了绝缘子结构，优化了绝缘子串的综合性能。

2. OPGW与地线支架碰撞案例分析

由于设计单位在铁塔设计和金具设计是不同专业分别负责，在专业配合时对地线悬垂串在不同转角度数和工况情况下的偏角计算和空间校验配合有疏漏，导致造成本工程地线横担偏短，地线绝缘子串偏长发生碰撞等问题。因此在后续工程的直线转角塔设计中，设计各专业应提前验算地线串的风偏情况下对地线横担的间隙校核工作，建议通过进行加长地线横担来彻底解决该设计问题。

建议设计直线转角时，充分校验地线悬垂串偏距，保证地线悬垂串与铁塔之间的必要空间距离。

【指导意见】

建议设计单位在进行线路设计时，充分考虑一下建议。

（1）对于影响设计标准和投资的冰、风、污秽等重要基础性数据，要进行深入的现场调查，充分听取沿线运行部门意见，通过科学分析，客观合理地应用于工程。对于大档距、大高差、前后档距相差悬殊的塔位，塔型选择应适当加强，设计条件留有裕度。

（2）结合地形地貌、沿线冰风及气候条件，尽量保持耐张段和档距均匀，避免较大转角出现；设计单位在设计阶段应充分考虑施工安全、质量、技术等管理要求，合理设置牵张场位置，保证满足设计、施工及运行规范要求的落实；根据实际情况结合现场交通条件，合理划分冰区，优化导线配置和施工放线措施，优化冰区划分避免使用导线种类、接头过多，避免出现同一放线区段需连续展放两种以上导线情况的发生。

（3）结合地形地貌优化排位，降低耗钢指标和塔数；应用直线转角塔或直线塔兼角减少耐张塔数量，增加平均耐张段长度。全线统一设计标准，优化设计方案，避免“粗放”设计。高度重视资料交接，避免设计遗漏和设计差错。

（4）交叉跨越预留通道的设计方案，应明确被跨物的位置、高度等信息。如跨越拟建高速、高铁，预留220、500kV线路通道等。重冰区铁塔建议按照验冰条件校验悬垂角，合理选择单双线夹。同时，校验验冰工况下悬点应力不超过拉断力的66%。对于林区，轻中冰区尽量采用高跨，重冰区采取砍跨结合的原则，避免出现既加高铁塔又要砍树的情况。

（5）金具图设计时，根据金具厂的最终零件图校验相邻元件间的距离，避免碰撞。

（6）对于电力线、通信线的迁改，设计除给出改线长度外，还应给出明确的改线方案，方便施工。

（7）现场情况调查应翔实、准确，塔位选择应从安全、经济、民事等方面综合考虑，尽量避免因占用机耕道、迁坟、占用鱼塘、塔位拆迁房屋等因素在施工过程中引起的塔位调整。校验对树木安全距离时，垂直距离和风偏距离应分别采用对应的气象条件计算净距。排位时应充分考虑耐张串串重对弧垂的影响，耐张塔附近要充分留足交叉跨越裕度，仅有一基直线塔的耐张段单独出放线曲线表。

案例20　工程杆塔和基础设计案例

【案例描述】

在工程设计以及工程建设阶段，在杆塔和基础设计方面设计单位应根据杆塔和基础所处地形进行优化，避免出现以下典型案例。

1. 较陡坡地耐张塔跳线上绕优化的案例描述

溪浙线中已试点应用，在坡度较陡的耐张塔位，将高边坡侧极导线引流线设置在导线横担以上，使得高边坡侧跳线不控制耐张塔塔高，跳线上绕主要是根据耐张塔所处地形因地制宜选择，跳线上绕耐张塔示意图如图5-3所示。

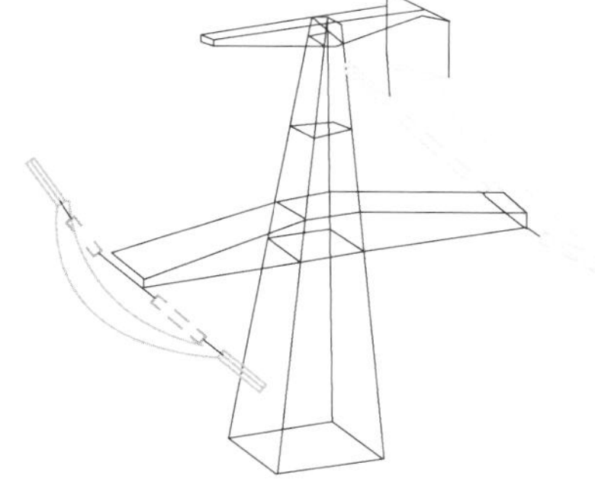

图5-3　跳线上绕耐张塔示意图

2. 直线酒杯塔、耐张F型塔、与接地极共塔排列系列优化案例描述

锡盟—泰州、晋北—江苏、上海庙—山东、酒泉—湖南±800kV特高压直流输电工程，规划了导线垂直排列的直线酒杯塔、F型塔以及与接地极共塔的系列，直线酒杯塔、耐张F型塔、与接地极共塔示意图如图5-4所示。

【案例分析】

1. 较陡坡地耐张塔跳线上绕优化的案例分析

耐张塔的经济指标对线路工程总体经济指标影响较大，由于其受力条件复杂，导致其塔高与塔重正关联较大，山区受典型条件影响转角塔占比较高，因此优化较陡山区坡地的耐张塔跳线编制方式，能有效降低耐张塔全高，有利于整体优化工程的技术经济指标。特别是地形条件较差的山区，若边坡坡度大于28°时，采用耐张塔跳线上绕布置能有效节约杆塔重量、降低线路造价、落实环水保要求，同时能有效解决对地（树）距离不足的问题，避免树木砍伐、土石开方及大代价

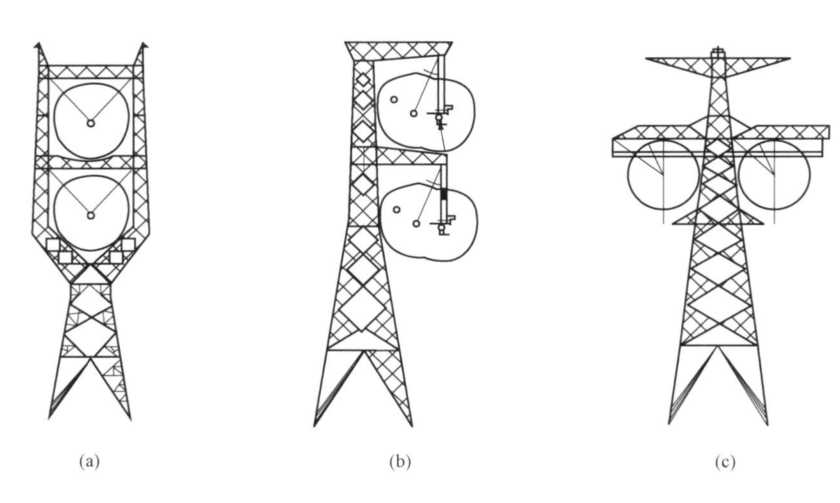

图 5-4　直线酒杯塔、耐张 F 型塔、与接地极共塔示意图

（a）直线酒杯塔；（b）耐张 F 型塔；（c）与接地极共塔

升高塔高等问题，对环境保护及降低工程造价有重要意义。

2. 直线酒杯塔、耐张 F 型塔、与接地极共塔排列系列优化案例分析

随着我国经济发展，重点地区的规划变化也比较大，导致目前线路走廊资源非常紧张，如葛沪直流线路就是利用原路径资源，由单回路变为双回路以便合理地利用走廊资源。为进一步优化线路的技术经济指标，在经济发达地区、走廊拥挤地区和地形地质条件受控地区，采用多回路线路共塔方案、导线垂直排列等结构优化方案是有效节约走廊、减少房屋及重要设施拆迁量，提升线路综合经济性重要手段，且较常规塔型综合效应更好。因此优化导线排列方式、多回路共塔及结合塔型开展施工现场的综合优化布置是提高输电线路技术经济性是必要的设计工作。

【指导意见】

综上所述，结合线路路径、环水保要求和结构强度的基本要求情况下，在线路杆塔和基础方面设计单位应尽量做好以下工作。

（1）铁塔设计严格按照工程确定的统一原则执行，如荷载组合，挂点间距，基础防腐等。临时拉线平衡极导线张力 160kN。

（2）注意铁塔尺寸、坡度及塔重的协调性，铁塔设计单位应与条件相近的铁塔对比，并分析查明塔重异常的原因。

（3）对于运输困难的塔位，注意控制塔材单件重量和长度。

（4）铁塔施工图中应标明各施工用孔的位置和荷载限值。脚钉的设置应与采用的防坠落装置匹配，400 模数或按工程设计的统一规定，并明确相关孔洞的封堵要求。结合接地施工图，合理选择接地孔位置，避免接地引下线联板无法安装、引下线与螺栓冲突等问题。

（5）根据地形地质条件优选基础型式。基础选型时优先考虑原状土基础，必须使用开挖基础时，设计单位应明确施工要求，减少开挖量。

（6）加强基础防腐设计，初步设计阶段应加大工作力度，针对不同的地基腐蚀性，开展多方案比选优化，明确处理措施。

（7）大力推广应用锚杆基础和基础机械化施工，定位时要分析记录可能采用锚杆基础或机械化施工的塔位，并在图纸明确。

（8）山区塔位选择时应注意尽量避开梯田和可能汇水的区域。从环境保护的角度出发，尽可能减小基面开方，避免出现“小基面”和“平地挖坑”现象。

（9）做好基础护坡、余土处理和巡视便道等设计工作，实行施工图单基会检。统一插入角钢、地脚螺栓、护坡、保坎、排水沟、巡视便道标准图，统一余土处理原则。

（10）加强基础插入角钢校审，确保基础插入角钢与铁塔塔腿主材的有效连接。加强基础根开及地脚螺栓小根开校审，确保根开数据准确无误。逐个核实地脚螺栓式基础主柱直径（特别是偏心地脚螺栓基础）是否满足塔脚板和基础保护帽在基础主柱范围之内的要求。

案例 21　工程线路复测案例

【案例描述】

在工程特高压直流工程线路的勘测阶段，受勘测所使用的物探、测量手段限制，及线路复测阶段工作深度、细致度和准确度的限制，导致地质条件与实际差异较大，并造成较大的设计变更，对工期造成一定影响。典型案例如下。

1. 岩溶问题案例

溪浙线多个标段途经喀斯特岩溶地貌，该地质地貌的特点就是地貌石漠化为主，土壤埋深变化受溶沟、溶槽影响变化大，特别是在喀斯特地貌发育地区存在大量地下河形成的溶洞、暗河、天坑及其他喀斯特地貌。由于设计阶段未能对相应的设计标段细化对喀斯特地质条件的勘查要求，导致在基础开挖后才发现多处溶沟、溶槽，甚至是较大溶洞（如图 5-5 所示），须经物探复勘方可继续施工，以至于提升了工程造价，延长了基础施工时间，并可能留有一定的安全隐患。

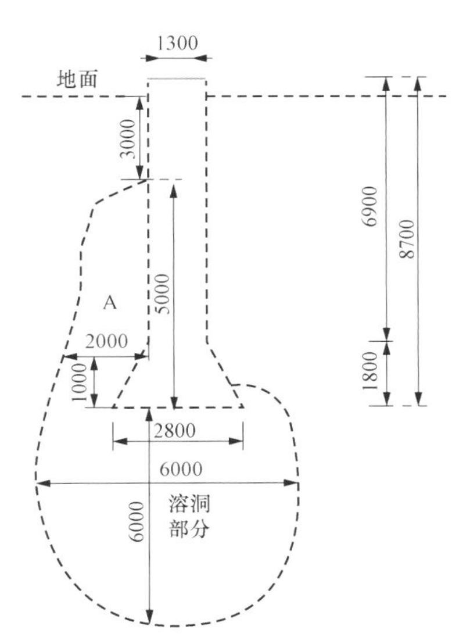

图 5-5　岩溶勘测示意图

2. 地质条件与实际不符案例

哈郑线、溪浙线、白江线和白浙线少量采用了岩石锚杆基础，在使用比例很小的情况下仍出现多个使用岩锚基础的塔位的基础地质条件与设计图纸不符的情况。具体体现在，基础施工过程中，发现同一塔位不同基础的岩层分层及深度与设计资料有差异，锚杆基础施工位置岩石风化程度和破碎情况与设计要求有差异等，导致岩石锚杆基础不适用于该塔位，迫不得已将原基础形式变更为掏挖基础。甚至个别塔位施工期间发现地下，前期勘查结论不符，导致基础型式变更，延误了施工计划，留下了安全隐患，导致工程结算时形成大量的费用索赔。

【案例分析】

1. 岩溶问题案例分析

勘测阶段对喀斯特岩溶地区的发育程度评估不足，未能落实特高压线路工程勘测合同中线路基础逐腿勘测的要求，受各种原因影响，未能采用先进的地质雷达、探坑探槽或必要的物探手段进行塔基现场勘测，仍使用常规手段将无法满足现有特高压线路对地质情况逐腿物探的深度和细致度的要求，因而造成上述值得反思的案例。

2. 地质条件与实际不符案例分析

通过对以上案例的分析可知，出现以上问题的原因主要是设计单位在外业勘测的投入方面不足，未按照特高压线路对同一塔位不同基础需逐腿钻探的勘测要求执行，且未采取其他必要的现场实勘手段，造成现场实际与勘测结论不符的情况，进而造成相关的设计变更。除前述原因外，设计勘测人员经验不足、责任心不强、现场地质调查范围不足和忽略现场一些特殊地质现象的情况时有发生，这也是导致勘测质量较差，勘测结论与实际地质条件不相符的原因之一。

【指导意见】

根据各特高压输电线路施工现场出现的地质条件与实际施工后实际不符的情况，特别是针对地下喀斯特地貌的溶沟溶槽及溶洞暗河、地质分层和地下水位、塔基地形图、断面图与实际不符等情况，特高压线路勘测单位应在线路勘测设计方面应尽量做好以下工作。

（1）加大勘测力量、资源及新型勘探物探手段及设备的投入，包括有经验的人员及适宜的勘测设备，增加现场取样（水、土等）、逐腿开挖探坑探槽及钻探、特殊地区使用地质雷达的现代化勘探物探手段，以增强地质勘探的准确性、精确性。

（2）加强现场勘测，规范勘测作业，确保现场记录全面准确，严格执行工程勘测深度要求，确保勘测深度满足工程需要；加强勘测成品校审，确保勘测成果质量。

（3）加强与属地设计单位交流，充分借鉴当地成熟勘测经验；加强勘测与设计沟通，确保基础设计方案与地质条件符合；加强施工地质工作，确保地质隐患得到及时处理。

（4）应对地下水位的季节变化作合理预测并提出降水建议；应加强对腐蚀性地基等不良地质的认识和判别，初步设计时对此类问题加大工作力度和深度，早发现、早提出、早解决，明确处理措施和方案，把问题解决在设计阶段；应注意控制测量精度，重视塔基平断面的测量，避免由此引起的设计变更。

案例22 工程环保水保设计案例

【案例描述】

在工程建设以及环水保验收阶段，易出现未执行环评批复、边坡垮塌、弃土未运送至指定地点、排水沟挡土墙等未及时砌筑、迹地未恢复及所修筑道路违规弃渣等情况的发生，最终工程无法按时通过环水保验收，导致延期投运和限时完成环水保整改，产生大量工程费用。典型案例如下。

1. 工程设计未严格执行环评批复文件案例描述

工程在获得核准文件时，作为核准文件支持性文件的工程环评报告中明确："线路应避让以湿地生态和水禽鸟类为保护对象的安徽省升金湖国家级自然保护区"。参与工程建设的设计单位在初步设计和施工图设计时，均未认真研读工程环评报告，仅凭经验操作，以各设计阶段路径方案与可行性研究路径基本相同，而简单得出线路路径满足相关要求的结论。在施工阶段，参建单位进行线路开工手续办理及现场复测时也未能对前期核准文件及沿途协议文件要求进行再核实，导致未能在第一时间发现该重大设计失误，导致施工图路径穿越了保护区的试验区。

2. 溪洛渡左岸—浙江金华±800kV特高压直流输电线路工程2184号杆塔A腿边坡垮塌案例描述

溪洛渡左岸—浙江金华±800kV特高压直流输电线路工程全线山地占比较高，虽然线路途经均为中国南方地区，植被恢复条件较好，但由于特高压线路基础根开较大，基础方量及对现场扰动较多，因此环水保措施的实施顺序、建设质量及施工临时措施的合理性对后续塔基的环水保成效都会产生较大影响。溪洛渡左岸—浙江金华±800kV特高压直流输电线路工程2184号杆塔A腿在施工完成后因遭遇连日集中降雨，导致其下边坡出现小规模垮塌和溜坡现象发生，导致该塔位不满足环水保验收要求，并有进一步发展可能，设置已威胁到该塔位的安全稳定运行。

3. 溪洛渡左岸—浙江金华±800kV特高压直流输电线路工程迹地恢复案例描述

该工程由于被拆迁户索要高额补偿或提出不合理诉求，溪洛渡左岸—浙江金华±800kV特高压直流输电线路工程至2016年底仍未全部完成拆迁，为工程环保验收带来影响。引起该情况发生的主要原因之一是因为输电线路本体建设的拆迁范围的标准和因环保标准拆迁范围的标准不统一，且以上两次拆迁实施的时间不同，导致被拆迁户无法理解相应的拆迁政策，从而拒绝以输电线路的补偿标准进行拆迁而索要高额的拆迁补偿。

【案例分析】

1. 工程设计未严格执行环评批复文件案例分析

该工程在可行性研究设计完成并结束评审后，项目的设计管理由国家电网公司发策部转移到国家电网公司特高压部进行，初步设计及施工图设计是通过设计招标形式确定各设计院的具体工作区段，因此安徽升金湖段线路的设计单位在可行性研究阶段的设计院与初步设计、施工图阶段的设计院不一致。由于资料交接的疏忽和重点工作移交不明确，且该段线路路径前后做出的调整不明显，造成后续设计单位未对路径关键点要求进行认真复核，未再次核实路径协议的可行性，从而造成该段路径在各阶段实施时都未能认真执行前期环评批复文件的要求，最终到实施阶段时将问题集中暴露，不可避免地造成了改线。

2. 溪洛渡左岸—浙江金华±800kV特高压直流输电线路工程2184号杆塔A腿边坡垮塌案例分析

由于溪洛渡左岸—浙江金华±800kV特高压直流输电线路工程2184号杆塔位于山区，且A腿位于山体侧向，平均坡度较大，虽然植被在施工完成后有组织进行了一定的恢复，但设计文件中未能结合现场地形给定明确有效的防边坡垮塌方案措施，也未明确现场开挖后的弃土如何处理，而且还因该塔位于交通条件较差的山区，未能明确基础开挖弃土的堆放地点。施工单位在未见到该塔位弃土具体设计方案的情况下，也忽略了设计交底时对各种地形条件下基础施工弃土的原则要求，仅使用以往的编织袋填充弃土堆放于塔基四周的方式进行现场弃土处理，且未考虑到南方多雨且集中的气候特点，在各种不利因素的集合下加之连日大雨的作用下，导致装弃土的编织袋腐烂破损，进而发展成弃土滚落，进一步影响带动原状土稳定，产生了小规模的浅层滑塌。此种现象在山区时有发生，也是输电线路经常发生的安全质量隐患之一。

3. 溪洛渡左岸—浙江金华±800kV特高压直流输电线路工程迹地恢复案例分析

线路工程本体建设时的房屋拆迁范围是按照离子流密度为主要基本依据，超过一定数值范围的房屋需要拆迁；而环水保对房屋拆迁的主要依据除了离子流密度外，还以导线外一定距离的电磁噪声强度来控制拆迁范围。以上两拆迁范围有重叠部分，因环保要求在个别点位将高于线路本体的拆迁要求。但设计院的工作划分上说，本体的房屋拆迁表与环保的房屋拆迁表是由不同处室不同专业分别编制，往往环水保的拆迁图会滞后于线路本体的出图进度，因此造成本次溪浙线工程迹地恢复的相关案例发生。因此，在今后的工作中应根据环保、水保报告及其审查、批复意见，针对拟拆迁的房屋（含房屋、厂矿、养殖场、构筑物等），明确对房屋拆除后产生的垃圾处理措施、迹地恢复的施工图出版应与输电线路本体出版时间统一，并明确限时与本体工程同步完成，避免类似情况在后续工程中出现。

【指导意见】

设计院在环保、水保方面为工程的环、水保措施落实及验收起到引领作用，应努力做到以下方面：

（1）落实环保和水保措施与主体工程同时设计、同时施工、同时投产使用的“三同时”制度。

（2）统一环保、水保设施的技术标准，提高环保水保设计水平和施工质量，实现“环境友好”的工程建设目标，并顺利通过环保和水保验收。

房屋拆迁、林木砍伐、尖峰基面、巡视道路等施工图设计中，应该包含环保、水保的内容。

（3）开工建设前应当对工程最终设计方案与环评方案进行梳理对比，构成重大变动的应当对变动内容进行环境影响评价并重新报批。

（4）设计应明确工程所采用的主要环保、水保措施类型、工程量及实施时间界限等，如植被保护与恢复（散播草籽）、水土流失工程治理（护坡、堡坎、排水沟、主动防护网、生态护坡、土地整治等）。

（5）房屋拆迁图中应根据环保、水保报告及其审查、批复意见，针对拟拆迁的房屋（含房屋、厂矿、养殖场、构筑物等），明确对房屋拆除后产生的垃圾处理措施、迹地恢复的其他要求。

（6）林木砍伐施工图中应根据环保、水保报告及其审查、批复意见，增加迹地恢复的要求。

（7）巡视道路和尖峰基面施工图应根据环保、水保报告及其审查、批复意见，明确弃土的方量、堆放位置和运输距离，合理设计土地整治、迹地恢复的方案，并准确计列工程量。